OLIVER ERRICHIELLO
WERBUNG FÜR DEN ZEITGEIST

»Analysieren heißt fremd sein.«
Fernando Pessoa

OLIVER
ERRICHIELLO
WERBUNG FÜR DEN ZEITGEIST

Wenn bunte Kampagnen in
Wirtschaft und Politik
die Wirklichkeit ignorieren

Für Elena, Bent und Morten … Heimat.

Einzelne Passagen dieses Buches sind bereits als Kommentare oder Artikel in Online-Medien veröffentlicht worden.

© 2023 LMV, ein Imprint der
Langen Müller Verlag GmbH, München
Alle Rechte vorbehalten
Umschlaggestaltung: Büro Jorge Schmidt, München
Umschlagmotive: ©shutterstock / Becky Stares, Eli_Oz, Passakorn Umpornmaha, dinaodess, Street Boutique, The Creative Guy
Satz: VerlagsService Dietmar Schmitz GmbH, Heimstetten
Druck und Binden: Friedrich Pustet GmbH & Co. KG, Regensburg
Printed in Germany
ISBN: 978-3-7844-3683-8
www.langenmueller.de

Inhalt

Gedanken vorweg 7

1. KAPITEL
WER POLITISCHE KOMMUNIKATION VERSTEHEN WILL,
MUSS DIE WERBUNG VERSTEHEN UND WIE SIE ZU DEM WURDE,
WAS SIE HEUTE IST 24
Als ich meinen Jungs »Gutenachtgeschichten« vorlas 25
Werbung als Wegbereiter eines »Conscious Capitalism« 38
Sinn! Jetzt! 42
Profitshaming: Alles, aber bitte kein Geld verdienen 52
So alt wie die Menschheit: Werbung und Marken 59
Nicht Leistung, sondern Image 67

2. KAPITEL
... WEIL SIE STETS DAMIT BESCHÄFTIGT IST, DAS STIGMA
DER »MANIPULATION« UND »VERMARKTUNG« ABZULEGEN 70
Der böse Hyper-Kapitalist 71
Vertrauen braucht Zeit 77
Auch Frischkäse und Parteien haben eine Seele 81
Die sehr alte Vorstellung von sozialer Verantwortung 86
Vorurteile sind gut 90
Kreativität bedeutet Grenzfüllung statt Grenzsprengung.... 101

3. KAPITEL
... UND SICH AN ALLEM ORIENTIERT, WAS JUNG, UNANGEPASST
UND AUFMERKSAMKEITSSTARK IST 108
Jugendwahn in allen Bereichen 109
Werbung und Medien – One of a kind 120
Mythos Empathie: »Wenn Ihr's nicht fühlt,
so werdet Ihr's nicht erjagen ...« 126

Die strikten Logiken des Gefallens 140
Kann Moral ethisch sein? 144

4. KAPITEL
... UND NICHTS WENIGER WILL ALS »DIE GANZE WELT UND DIE ZUKUNFT« RETTEN 148

Passion! Mission! Weltrettung! 149
Eine (äußerst) kurze Geschichte politisierter Werbung 154
Es geht um Geld, stupid! 159
Nudeln fürs Schwulsein 165
Unwichtigkeiten und öffentliche Wahrnehmung 173
Schaurige Faktenkunde 178
»Die Menschen wollen ...« – wirklich?
Mehr Realismus wagen. 182
Keine »versteckte Agenda«, sondern die Logik sozialer
Änderungsdynamiken 190
Ehrlichkeit und Demut 197

5. KAPITEL
... UND IHRE STRATEGIEN, INSTRUMENTE UND GLAUBENSSÄTZE IN DAS ZENTRUM DER POLITIK, ZU DEN PARTEIEN TRAGEN. 204

Politik verkaufen: Wie Politik zu Werbung wurde 205

SCHLUSSBEMERKUNGEN 220

Demokratie braucht den Glauben an die eigene
Begrenzung 220

Anmerkungen 229

Gedanken vorweg

Die Weltenrettung der Elite
Obdachlose werden mit Schokoweihnachtsmännern bedacht (Penny-Markt), Einsame werden besucht (EDEKA), Fremde herzlich umarmt (DocMorris). Mit »sinnhafter Werbung« soll nicht mehr die Leistung von Waren beworben, sondern die Welt verbessert werden. Dummerweise klappt das nicht.

Vor nicht allzu langer Zeit nannte man Einkaufen Einkaufen. Man erwarb Koteletts, Orangensaft, Cervelatwurst, Chips und Höhlenkäse usw., weil es galt, den Appetit zu stillen und abends, zum Fernsehen, etwas Knabberzeug griffbereit zu haben. Das war das »normale« Leben. Heute gehen wir in einen Supermarkt und machen die Welt besser. Einige Unternehmen wissen sogar sehr gut, wie dieses »Besser« aussieht und erklären, worauf wir in Zukunft zu achten haben, damit die Welt ein guter und lebenswerter Ort wird.

Wer immer noch der profanen Idee anhängt, dass wir Produkte kaufen, weil wir sie mögen, weil sie unseren Geschmack treffen oder simpel, unsere Bedürfnisse stillen, der hat das Wesen des modernen Zeitgeistes nicht verstanden. Wer heute ein Auto, ein Busfahrticket, ein Kaugummi, eine Bratpfanne, ein Pflaster oder einen Vanillepudding kauft, kauft genaugenommen nicht diese Produkte, sondern Klimaschutz, Toleranz und die Bewahrung der Artenvielfalt und wird bei Zahlung an der Kasse zu einem »guten Menschen«. Kaum ein Unternehmen traut sich noch zu sagen, dass man Autos, eine Busfahrt, ein Kaugummi, eine Bratpfanne oder einen Pudding herstellt und anbietet, um über das Stillen menschlicher Bedürfnisse Geld zu verdienen. Das wäre unerhört und dem Denken eines sensibilisierten Käufers unangemessen. Der Anspruch der Unternehmen ist hoch: Unter Weltverbesserung macht es noch nicht einmal mehr ein Toilettenreiniger oder Müsli. So einfach und preiswert war »das Gute« noch nie. Die Barrikadenstürmer der Geschichte mögen sich bei so viel »Weltverbesserungs-Convenience« erstaunt den Sand aus den verschlafenen Augen reiben …

Durch Kaufen »seinen Beitrag« leisten: Auf allen Kanälen, Plakatwänden und Smartphone-Bildschirmen eine merkwürdig gelassene Einmütigkeit. Es plätschert jovial dahin im kollektiven Kopfnicken und mit purem Wasser auf den blank polierten Konferenztischchen der wortreichen Polit-Talkshows, die über den »Verbraucher« (der ja nicht verbraucht, sondern rettet) diskutieren. Willkommen in der asketischen Ära der wortgewaltigen Einmütigkeit. Denn Einige kennen den Weg in eine gute Zukunft sehr genau – man hat sich auf ein Leitmotiv geeinigt. Perfide Strategien sinistrer Mächte, die uns böse wollen? Ganz und gar nicht. Statt »Weltumsturzplänen« wirken die Kräfte von Soziologie und Psychologie in die Milieus der Moderne hinein und erschaffen konsequent Alltagsrealitäten bis direkt ins Regal, wo Apfelsaft (naturtrüb/Bio) und Hafermilch (»Kuhmilch ist böse!«) stehen, und das Ozeanplastik wird auch langsam knapp – vor lauter Armbändern mit Kügelchen aus meeresgebundenem Kunststoff.

Begründet wird diese Einigkeit mit wissenschaftlichen Erkenntnissen und veränderten Haltungen der »Verbraucher«. Eine bequeme Sichtweise, denn Wissenschaft als Kulturtechnik, die Wissen schafft, ist ein nie enden wollender Prozess. Die Wissenschaft kennt zwar Wahrheiten, aber immer nur bis zum Beweis des Gegenteils. *Die* Wahrheit gibt es in der Wissenschaft nicht. Es ist wie immer: Viele haben recht, aber nur wenige haben »wahr« – und noch nicht mal für immer.

Mir geht es in diesem Buch um die Frage, wie Wirklichkeit entsteht und zwar in zwei entscheidenden Bereichen: Werbung und Politik. Schon längst ist vor allem Werbung im Alltag weitaus präsenter als hochgelobte Kulturinstitute, Bildungseinrichtungen oder respektable Medienträger, ja selbst als das politische Tagesgeschäft. Ihre Kontaktsphäre übersteigt tagtäglich Millionen Nadelstiche – übergreifend und klar ausgerichtet. Fasziniert von dieser Reichweite und den umjubelten Strategien so mancher Marken orientiert sich die politische Kommunikationsarbeit inzwischen nur zu oft an der bunten Welt der Marken und Kommunikationsprofis. Mit problematischen Folgen für die Wahrnehmung gesellschaftlicher Wirklichkeit.

Meine Großeltern sagten im letzten Jahrtausend mit Blick auf die Werbeprospekte in ihrem Postkasten unaufgeregt und überzeugt: »Ist doch nur Reklame!« und schmissen den Haufen Papier meist ungesehen in den (noch nicht in unterschiedliche Bereiche aufgeteilten) Mülleimer. Wegschmeißen ist schwierig geworden. Werbung prägt unseren Alltag, selbst wenn wir versuchen, der Flut aus Bildern, Slogans und Anpreisungen zu entgehen. Mindestens 3000 Werbebotschaften pro Tag. Ein unaufhörliches Stakkato des Wunsches nach Wahrnehmung. Laut und leise, perfide und sensibel, massengängig und individuell. Und natürlich immer treffend! Jede Ware, jede Dienstleitung und jede politische Parole scheint mit hintergründigen Botschaften versehen: Ein Mercedes ist eher teuer, ein Dacia eher preiswert. Patagonia-Kleidung ist gut und altruistisch. Fritz-Cola kämpft gegen Nazis, Lufthansa ist »pride«, die CDU setzt sich für ein Land ein, in dem wir »gut und gerne leben« und die SPD hat das »ganze Land im Blick«.

Endlich entledigt sich die Werbung ihrer Profanität, dem Konsumterror und der Manipulation. Der heutige Saulus wird zum Paulus – er ist Werber. Auch der Wunsch, dem »Werbeterror« zu entgehen und »No name« zu kaufen, ist eine Haltung, die eine Botschaft aussendet – und wenn es eben nur das Signal ist, dass man sich der Dauerschleife von Werbung und Marke entziehen will und sich nicht versklaven und manipulieren lässt. Mit jedem Kauf erzählen wir auch immer ein wenig von uns selbst, und wie wir gesehen werden wollen. Haben ist Sein.

Werbung ist überall, versteht sich allzu oft als zeitgeistiger Trendangeber und ist bereits längst nicht mehr als Präsentator von Rippchen, Unterwäsche und gereiftem Edamer im wöchentlichen Supersonderangebot unterwegs. Gerade weil Werbung vorgibt, den »Verbraucher«, dessen Wünsche, Sehnsüchte und Bedürfnisse gut zu verstehen, verstetigt sich ein Bild, als würde die kreative Werbe- und Kommunikationselite den Pulsschlag der Menschen besonders gut kennen. Diese vermeintliche Erkenntnis in Kombination mit der »Verproduktung der Politik« hat bewirkt, dass sich Werbung für Waschpulver oder eine politische Partei in ihrer Ansprache, aber auch in ihrer thematischen Schwerpunktsetzung kaum noch unterscheiden. Produkte sind politisch und Politik wird zum Produkt. Fasziniert von bannig viel Jugend und metropoliger Hippness, ganz im Gegensatz zum drögen politischen Alltag, haben sich die Parteistrategen an den Kampagnen der Werbeindustrie orientiert. Das ist nicht neu, aber die Ausrichtung von werblicher Kommunikation hat sich seit 25 Jahren massiv verändert. Dies hat Auswirkungen auf das Verständnis eines – wie auch immer gearteten – politischen Meinungsbildungsprozesses. Oftmals gilt latent: An der heutigen Wirkungsweise der Werbung kann man beobachten, wie Awareness und Image schnell erschaffen und beeinflusst werden. Die politische Kommunikation setzt sich so in eine Reihe mit den Seligkeiten der postmodernen Konsumgüterindustrie und übernimmt ihre Moden, Werte und Philosophien. Was geschieht jedoch, wenn die Werbung selbst einer politisch-gesellschaften Agenda unterliegt und eigene Milieus vertritt? Inwieweit wird dann das werbliche Know-how mit Positionierungen und Inhalten angereichert? Kommuniziert dann die Politik oder die Werbung und ihr Klein-Milieu?

All dies wäre Anlass zu einem tieferen Nachdenken, einem konstruktiven Diskurs oder einer veritablen Depression, aber wenn Werbung ihre Leistungsorientierung zugunsten gesellschaftspolitischer Botschaften aufgibt, dann kennzeichnet das »Erfolgsrezept« einer Werbekampagne nicht mehr die »Art und Weise« der Überzeugung, sondern der vermeintliche »Inhalt« wird zum Kriterium für eine positive Kategorisierung. Erfolg ist, was vermeintlich Gutes will, wobei die Definition des Guten das eigene gesellschaftliche Milieu unabgesprochen festlegt. Wer bestimmt das »Gute« und gibt es überhaupt nur ein »Gutes«?

Eine Besonderheit unserer Zeit ist, dass Werbung seit einigen Jahren und in immer stärkerem Maße nicht mehr sich selbst genügt und mehr oder weniger geschickt danach trachtet, ein Produkt zu verkaufen, sondern sie versucht über das Produkt eine fest verpolte Sicht auf Mensch und Gesellschaft zu verbreiten. Auch hier ohne eine gesteuerte politische Agenda, sondern aufgrund soziologischer, psychologischer und wirtschaftlicher Dynamiken und Mechanismen der Branche. Die Gründe für diese »Weltsicht« sind vielfältig, verdichten sich allerdings in der Überzeugung, dass das Produkt vollkommen unwichtig und austauschbar wäre, es aber mit einem Zusatznutzen, einem sogenannten »added value« aufzuladen sei. Diese »Werte« lägen heutzutage in gesellschaftlich besonders erstrebenswerten politisch-gesellschaftlichen Realitäten. Aus »Deus vult« ist »Consumptor vult« geworden. Sind sie etwa heute noch so profan und kaufen allen Ernstes ein Erfrischungsgetränk allein deshalb, weil es ihnen schmeckt? Nein, sie kaufen ihre Limonade, ihren Eistee oder eine Flasche Wasser vor allem deshalb, weil sie ein »umweltfreundliches Statement« machen und die Welt verbessern wollen! Mit 1,20 Euro und der Flasche »Viva con Agua« in der Hand sind sie bereits ein sehr guter Mensch. So billig war »Gutsein« noch nie in der Menschheitsgeschichte.

Das mag zum Schmunzeln veranlassen. Jedoch wird die Hybris einer werblichen Weltverbesserungsagenda vor allem dann erkennbar, wenn sie sich in ungeahnte ethische Höhen aufschwingt. Der Gipfel an Geschmacklosigkeit, indem eigenbewegte werbliche Kommunikation mit Hilfe gleichgesetzt wurde, war mit der Positionierung von Unternehmen im Ukraine-Krieg 2022 erreicht: Eine Einkaufsgenossenschaft von deutschen Lebensmitteleinzelhändlern münzte ihren gängigen Werbeslogan »Wir lieben Lebensmittel« in einem Twitter-Post in »Freiheit ist ein Lebensmittel« um und bekam Applaus und viele »Thumbs up« auf den einschlägigen Social-Media-Plattformen aus der Werbebranche. Man musste sich für Branche schämen. Wer Krieg als Möglichkeit zur »Maximierung« versteht, egal ob die Währung Geld, Awareness oder Reputation heißt, verspielt sämtliche ethische Integrität. Es ging um Menschen in größter Not, es ging um einen Krieg – und nicht um Awareness und Quartalsberichte. Es scheint keinen Bereich mehr zu geben, der uns dazu veranlasst, einfach einmal *still* zu sein und (wenn überhaupt) im Verborgenen zu helfen. Ich nutze ein sehr altes, vergessenes Wort: Demut. Demut statt Chancen, Skalierung und Wachstum. Vielleicht war das Handeln sogenannter »Kriegsgewinnler« bis vor einigen Jahrzehnten offensichtlicher, strukturell sind die heutigen »Profiteure« keinen Deut besser – nur verdeckter und umgeben von einem ethischen Heiligenschein.

Was ist denn das Ziel derartiger Twitter- und Facebook-Postings? Einzig, dass sich Werbe- und Kommunikationsprofis gegenseitig ihrer »sozial erwünschten Haltung« bewusst werden, ihre Schuldigkeit getan haben und danach ihre Pastinakensuppe und ihr Dinkelholzofenbrot aus lokaler Produktion verzehren. Es hätte der Einkaufsgenossenschaft gutgetan, den Mund zu halten und 20 Laster mit Lebensmitteln an die ukrainischen Grenzen zu schicken – ohne PR-Verantwortliche und Social-Media-Team. Oder noch besser: Gerade in den Abteilungen, wo noch richtig gearbeitet wird und nicht über »Sinnhaftigkeit« beim Espresso Macchiato geschwätzt wird, nämlich an den Kassen und Regalen, sind oftmals Menschen aus Osteuropa tätig: Man hätte den Mitarbeitern freigeben müssen, die ihre Familien retten wollten, Unterkünfte finanzieren, im praktischen Leben helfen ... Das eine war Ankündigungsmanagement und Selbstbespiegelung auf höchstem bürgerlichem Niveau, wohlfeil; das andere wären konkrete Handlungen, weil es einfach getan werden musste. Und weil es die Unternehmen tatsächlich etwas kosten würde – und nicht den gut dotierten Social-Media-Verantwortlichen im durchdesignten Altbauloft beim Homeoffice zugutekäme. Das »große Unbehagen am Zustand der Welt« von Klima über Diversity bis hin zu toxischer Männlichkeit findet seine Bühne in den bürgerlichen Milieus gut situierter Metropolenrandlagen mit hochmotorisierten Elektrofahrzeugen und gelieferter Bio-Kiste am Donnerstagnachmittag. Wer da auf den Straßen klebt, unternehmerische Verantwortung einfordert und permanent in Talkshows eingeladen wird und dort bebend deklamiert, heißt in der Regel Jonas oder Zoe und kann auf Eltern zählen, die das Auslandsjahr »Übersee« nicht in das Familienbudget einplanen mussten. Das prolitüde »Volk« dagegen trägt die »gebeutelten« Aktivisten von der Straße und hofft, pünktlich zur Arbeit zu kommen. Diese bräsigen Menschen mit ihren profanen Alltagsbefindlichkeiten haben keine Stimme ... und wenn, dann nur als unverbesserliche, primitive und egoistische Dummerchen.

Werbung macht heute Realitäten, die weit über die Güte und Eigenschaften einer Schlagbohrmaschine, einer Versicherung oder einer Urlaubsreise hinausgehen. Keine Frage: Spätestens seit den 1970er-Jahren haben Marken den Versuch unternommen, die Produktleistung durch emotionale Zuschreibungen anzureichern. Allerdings umfassten dies individuelle Gefühlswelten: Freude oder Leidenschaft, die einer subjektiven Einordnung unterlagen. Gegen Freude oder Leidenschaft kann man nicht viel sagen – sie werden individuell empfunden ... oder auch nicht. Heute dagegen sind die

Themen nicht mehr individuell verhandelbar. Sie sind ethisch aufgeladen und postulieren nichts weniger als universelle politische Grundhaltungen. Welches Unternehmen stellt sich aus Differenzierungswillen strukturell (nicht inhaltlich) dagegen und kultiviert das Bild eines unbeteiligten Menschenfeindes? Der Anspruch reicht jedoch noch viel weiter: Viel zu oft werden Unternehmen durch »die Öffentlichkeit« gezwungen, eine politische Haltung einzunehmen. Oft scheint diese »Öffentlichkeit« aber nichts anderes zu sein als ein Ausschnitt der Öffentlichkeit, der allerdings besonders meinungsprägend ist. Neutralität oder inhaltliche Begrenzung ist keine Option mehr.

Menschen, die bisher dafür bezahlt wurden, dafür zu sorgen, dass die Kassen klingelten, wollen und müssen der Welt nun erklären und demonstrieren, was die wichtigen Werte und Einstellungen der Menschen zu sein haben und weiten diese »Kompetenz« auf den demokratischen Willensbildungsprozess aus. Für die, die diese Kommunikationsinhalte produzieren, bedeutet es, in ihren Milieus beim Pärchenabend oder beim Posten auf digitalen Netzwerken einen positiven sozialen Status, beruflichen Erfolg und eine exzellente Selbstwahrnehmung abzugeben. Gerne ist man ein wortgewandter »Motor des Wandels«. Immer öfter gibt es auch Preise und Auszeichnungen durch staatlich geförderte »bürgerschaftliche Organisationen« oder Branchenverbände. Waren doch die Kommunikationsprofis Menschen, die uns zum Kauf eigentlich »unnützen Zeugs« verführten, gar manipulierten, sind sie nun die Menschen, die für eine bessere, gesündere, solidarischere Welt kämpfen: Evangelisten des Guten. Hier dürfen die Ziele ihres wöchentlichen Angebotsprospektes gar nicht hehr genug sein, aber eines darf es sicher nicht: den Profit ins Zentrum stellen. Eine wahrhaftes »Profitshaming« charakterisiert die kreative Werbe- und Kommunikationselite. Wer spricht noch über Geld? Die meisten der Protagonisten in den Werbe- und Kommunikationsagenturen oder

Marketingabteilungen erben es ohnehin oder kommen aus gutem Hause ...

Und wieder ist man sich über die Ziele einig. Es scheint alles so vernünftig und zwangsläufig – mit jeder sinnhaften Werbung mehr.

Und die Politik? Politik geriert sich zunehmend als Produkt. Parteien sind Spiegelbilder eines detailliert durch Befragungen und Marktforschungen zusammengesetzten Zeitgeistes. Anstatt klarer Inhalte konzentrieren sich Parteien meist nur noch auf Kernwerte – und vergessen alles andere um den Kern herum, nämlich die realen Entscheidungen und das politische Tagesgeschäft, die das Leben der Menschen direkt bestimmen. Hauptsache es wird am Ende des programmatischen Parteitages noch die »Nationalhymne« oder »Wenn wir schreiten Seit' an Seit'«[1] gesungen – für das Gefühl und den Zusammenhalt.

Kommunikation und politische Werbung werden den Spagat zwischen Anspruch und Wirklichkeit schon richten. Das Ergebnis nennt man in der Werbepsychologie: die Schaffung von Werbeinseln. Aber was geschieht, wenn folgendes eintritt? Grüne fordern Waffen, Sozialdemokraten schaffen den Sozialstaat ab, Christdemokraten die Wehrpflicht, Liberale erhöhen die Steuerlast? Dann nützen Markenkerne in verstaubten Parteiprogrammen auch nichts mehr.

Lassen sich Parteien »schnell und geschickt« aufladen? Alles eine Frage von Werbedruck, Kanal und Ansprache? Wahlkampfmanager der großen Parteien sind sich in einer Frage stets einig: Der Wähler ist untreu geworden. Parteien würden – nach amerikanischem Vorbild – zunehmend personalisiert. Nicht immer, aber immer öfter würden die Menschen einen Spitzenkandidaten wählen und keine Programme mehr. Eine immer und immer wieder vorgebrachte Erklärung. Es ist eine oberflächliche und bequeme Kommentierung. Denn die ursächliche Erklärung für das Wechselverhalten ist die, dass die Parteien nicht zu ihren Grundwerten stehen. Die Wähler werden der Partei untreu, wenn sich die Partei selbst nicht treu ist. Der erste Blick muss nach Innen gehen, um die Frage zu stellen: Was haben wir gemacht oder verändert, dass die Menschen nicht mehr glauben, dass wir ihre Erwartungen einlösen werden und orientieren sich deshalb um? Es ist leicht, alle Veränderung auf »die Wähler« zu transferieren, wenn man nicht an den Kern seines Selbstverständnisses gehen möchte und ihn konsequent beibehält. Werbung kann gute Leistungen im besten Fall resonanzstark verbreiten, die Leistung als solche ersetzen kann sie nicht. Und Gefühle sind – langfristig betrachtet – weder ein tragfähiges Geschäfts- noch Politikmodell.

Ich gebe zu, dass ich oft irritiert bin. Ich weiß nicht, wie eine bessere Welt aussehen könnte. Und doch glaube ich, um die Agenda der Kommunikations- und Werbeprofis aufzugreifen, an die Wichtigkeit von Umweltschutz, von Toleranz und von Teilhabe für möglichst alle. Gibt es den einen richtigen Weg dorthin? Das halte ich für vermessen, und deshalb müssen wir umso mehr die Optionen, Prioritäten und Notwendigkeiten diskutieren – ohne dass abweichende Ansichten sofort zu Ausschluss oder Stigmatisierung führen. Egal ob in privaten Diskussionen, in wissenschaftlichen Foren, in den Medien oder in Schule oder Universität.

Ich bin es leid, dass vor allem Unternehmen und ihre Dienstleister, aber auch politische Akteure vorgeben, sich für eine »bessere Welt«, für ein »solidarischeres Miteinander«, ein »vorurteilsfreies Zusammenleben« einzusetzen und dies wortreich, emotional perfekt angesteuert und stilsicher thematisieren, flankiert von eloquenten Beratern und Zukunftsforschern. Oft bleibt es aber nur bei der plakativen Inszenierung einer Botschaft und überaus gefälliger und herzenswärmender Erläuterungsbeispiele, an der eigentlichen Wertschöpfungspolitik jedoch ändert es nichts, und jedes noch so perfide Steuerschlupfloch in Irland wird ausgenützt. Genauso bin ich es leid, dass wir uns, die Bürger dieses Landes, in einer gemütlichen Sicherheit wähnen, dass schon alles »auf dem richtigen Weg« ist, weil wir viel Bio-Milch und fairen Kaffee vom Gepa-Shop kaufen und uns einen E-Drittwagen leisten – de facto aber überhaupt nichts ändern (wollen). Die Werbe- und Kommunikationsprofis nutzen die mühsam hergestellte Sensibilisierung der Bevölkerung, um damit ein sehr gutes Geschäft zu machen ... und wir allabendlich sanft und zufrieden einschlafen können.

All dies wäre ärgerlich, aber nicht weiter von Belang und das typische Wesen der Werbung seit ihrer Professionalisierung mit dem Aufkommen der Massenware um 1900. Jedoch reichen die Auswirkungen weiter: Inzwischen maßen sich Unternehmen an, das »Gute«, das »Erwünschte« und das »Lohnende« zu definieren und damit in gesellschaftliche Normierungen und die öffentliche Meinung einzugreifen. Eine kleine, meist gut situierte Schicht von Unternehmens- und Kommunikationsverantwortlichen legt fest, was gut und was schlecht für unsere Gesellschaft ist. Tagtäglich millionenfach. Damit greifen Unternehmen direkt in politische Debatten ein und befeuern bestimmte Strömungen und Tendenzen. Und wer sich mit Menschen unterhält, mit Menschen, die außerhalb der angesagten Viertel in Berlin, Hamburg, Köln oder München, Wien oder Zürich leben, bemerkt, dass viele irritiert sind, wenn Supermärkte statt »Seelachsfilet (grätenfrei)« plötzlich »den Riss in der Gesellschaft« thematisieren oder das Angebot für »Tomahawk-Steaks« plötzlich die Regenbogenflagge ziert und somit auf den Christopher-Street-Day aufmerksam gemacht wird. Kein Platz für Missverständnisse, löbliche Initiativen: Aber was haben diese Sonderangebote und Fleischauslagen mit knallharten politisch-gesellschaftlichen Positionierungen zu tun? Wollen uns Unternehmen sagen, was für uns gut und richtig ist? Verfügen sie, in Zeiten, in denen stets und mit schwelender Inbrunst auf die »Fakten« verwiesen wird, überhaupt über belastbare Kompetenzen in Fragen von Umwelt, Diversity und gesellschaftlicher Toleranz? Und vor allem: auf Basis welcher Legitimation? Man mag es beschmunzeln, man mag sich vielleicht ärgern, aber es wird fragwürdig, wenn Unternehmen Ethik vorgeben, weil ihre Protagonisten zu wissen meinen, wie die Welt zu funktionieren habe. Soviel Kompetenz billigen wir noch nicht einmal Lehrern, Professoren, geschweige denn Politikern zu ...

Es wäre eine praktische Vereinfachung zu schreiben, dass viele Unternehmen die politische Positionierung entdeckt haben, um sie konsequent auszunutzen: um Geld zu verdienen. Die Gründe für die Politisierung der Werbung reichen viel tiefer. Sie haben mit individueller Akzeptanz, mit Milieu-Erwartungen, mit soziologischen Ähnlichkeiten der Macher, mit politischen Rahmenbedingungen und Image-Strategien zu tun. Diese Fragen möchte ich in diesem Buch beantworten oder auf mancher Seite zumindest aufwerfen, ohne stets eine Antwort parat zu haben.

Die Politik ist vom Elan der Zukunftsorientierung angezogen. Wenn es im politischen Diskurs eine Eigenschaft gibt, die es zu vermeiden gilt, dann ist es »Rückwärtsgewandtheit«. Also ist die hippe, junge und aufbruchswillige Welt der Werbung mit ihren »Emotionalisierungen« und vermeintlich schnellen Erfolgen, mit ihren über jeden Selbstzweifel erhabenen, eloquenten, schnieken Machern in ihren weißen Sneakern, großen Sonnenbrillen, kleinen Bärtchen, schwarzen T-Shirts und Apple-Watches im Kontext einer verregulierten und vornehmlich von Juristen gesteuerten Entscheidungslandschaft der Politik das Mittel und der Herzenswärmer, um dem eigenen Tun Glanz und Gloria zu verleihen. In dieser merkwürdigen Kombination aus Werbefaszination und Jugendwahn entsteht eine politische Kommunikation, die die Erfolgsgeheimnisse, aber auch die »ziehenden Inhalte« von Agenturen und Werbeberatern mehr und mehr übernimmt. Auf diese Weise entsteht ein öffentliches Meinungsbild, das den Bezug zur Wirklichkeit verloren hat. Denn auch die Werbung agiert in einem kontextaufgeladenen Mini-Milieu, das seine eigenen Heldengeschichten sowie Ge- und Verbote hat. Es entstehen Idealbilder, die individuelles Verhalten beurteilen, die Menschen in »Gute« oder aber »Ignorante« einteilen und so Gemeinschaften spalten. Nicht nur in der werblichen Kommunikation, sondern auch im politischen Diskurs. Das ist nicht meine Vorstellung einer Bürgergesellschaft. Ich möchte Dialog und eine klare Trennung zwischen löblichen Inhalten, den Kontexten und den Kommunikationsformen eben dieser Inhalte. Muss jeder Supermarktbesuch mit dem Nimbus einer Weltrettungs-Safari spielen? Kommt es auf diese Weise zu einem Wandel oder einfach nur zu einem äußerst guten Gewissen, das eben diesen Wandel verhindert?

In diesem Buch unternehme ich den Versuch, innezuhalten und die heute gefeierten Kampagnen und Werbeinhalte kritisch zu betrachten, nicht zuletzt auch deshalb, weil sie unseren Alltag in massiver Weise beeinflussen und die politische Kommunikation leiten: Wer macht was und warum? Dabei schreibe ich auf Basis meiner Erfahrungen als Wissenschaftler, als Begleiter verschiedener Firmen und Organisationen und als Bürger. Es handelt sich nicht um eine wissenschaftliche Abhandlung, dies kann kein Anspruch an einen initialen Debattenbeitrag sein, sondern es handelt sich um eine faktenbasierte, sachorientierte und zugleich zugängliche Verdeutlichung, die mitunter rhetorische Überspitzungen nutzt, um auf empfundene Absurditäten hinzuweisen. Damit wir wieder Normalitäten überprüfen. Aus Gründen der Nachvollziehbarkeit versuche ich aus den Erläuterungsbeispielen Tendenzen und Strukturen abzuleiten, bisweilen auch zu polemisieren, damit die Mechanismen einer »politischen Werbung« und einer »werblichen Politik« deutlich werden, ohne politischer Agenda und bestimmten politischen Richtungen in die Karten zu spielen. Meine Grundhaltung ist, dass die weitaus meisten vom Gedanken getragen sind, das Gute zu wollen – dies unterstelle ich jedem Leser, dem zustimmenden wie dem ablehnenden.

Ich hebe die Hand und möchte die Frage stellen, ob sich nicht unsere Ziele und Ambitionen am Profanen des Tagesgeschäftes messen lassen sollten – Lohnerhöhung für die Angestellten an den Kassen statt Kampf für vermeintlich mehr Solidarität in der Gesellschaft oder Steuern zahlen anstatt CSD-Mottowagen unterstützen. Das mag nicht revolutionär sein, ja es mag noch nicht einmal Kreativpreise gewinnen oder viele »Likes« und »Thumbs Up« auf den sozialen Netzwerken auslösen, aber es ist konkret und ändert das Leben vieler Menschen »in echt«. Das ist nicht neu: Die Gebrüder Lever begannen vor mehr als 140 Jahren eine Stadt für ihre Mitarbeiter zu bauen: Mit Häusern in Licht und Luft, mit fließendem Wasser und Bädern – eine damals unfassbare Innovation. Die Stadt beherbergte später eine Schule, ein Krankenhaus, ein Schwimmbad. William Lever wollte, dass es seinen Mitarbeitern »gut« geht, indem er die Bildung der Kinder sicherstellte und ambitionierte Gestaltungen der Freizeit ermöglichte. Schließlich zahlte das Unternehmen höhere Löhne und sicherte die Arbeiter weitgehend sozial ab. Heute kennen wir dieses Unternehmen unter dem Namen »Unilever«. Aber auch Deutschland, die Schweiz und Österreich haben engagierte Unternehmerpersönlichkeiten, die die Lebenswirklichkeit ihrer Mitarbeiter und der Öffentlichkeit massiv zum Positiven beeinflusst haben. Robert Bosch engagierte sich auf vielfältige Weise gemeinnützig, indem er Krankenhäuser mitfinanzierte, Sicherungen für Menschen in Not unterstützte, Bildungseinrichtungen und Volkshochschulen förderte, ebenso Ferienheime und Werkswohnungen. Dabei war er nicht nur ein gutgläubiger Philanthrop, sondern ein abwägender Geschäftsmann. Von ihm ist folgender Ausspruch überliefert: »Ich zahle nicht gute Löhne, weil ich viel Geld habe, sondern ich habe viel Geld, weil ich gute Löhne bezahle.« Realität nicht nur für die Bosch-Mitarbeiter, sondern über viele Jahrzehnte auch bei Daimler-Benz und Siemens. Viele städtische Betriebe der Bundesrepublik boten ihren Mitarbeitern Ferienwohnungen in zugänglicher Nähe und preiswerten Wohnraum, all dies neben einem übertariflichen Lohn. Auch der gemeinschaftsförderliche und demokratische Genossenschaftsgedanke prägt bis heute massiv die Banken-, Konsum- und Versicherungslandschaft in Deutschland, der Schweiz und Österreich. Weit über Schweizer Wirtschaftskreise hinaus kennt man den legendären Migros-Gründer Gottlieb Duttweiler, der viele Produkte erschwinglich machte und zur Volksbildung sowie zur Kulturförderung beitrug. Keine Frage: Paternalistische Unternehmer, die das »richtige Leben« umfassend bestimmten – weder demokratisch oder partizipativ erarbeitet, jedoch: ungemein wirkungsvoll und Teil der realen Lebenswirklichkeit. Es drängt sich der Gedanke auf, dass das vor allem werbliche Bekenntnis zu einer »Haltung« und zu Sinnhaftigkeit in dem Moment en vogue wurde, als viele Unternehmen ihre konkreten Taten im Sinne von Verantwortung, Engagement und Investment (seit gut 20 bis 30 Jahren) langsam aber stetig, sukzessive im Zuge der Globalisierung und Lean-Management-Strategien auslagerten.

Letztlich beruht jeder unternehmerischer Erfolg immer noch auf der Tatsache, dass man mit einer Leistung mehr einnimmt, als man ausgibt. Und: Menschen kaufen am Ende des Tages immer noch ein funktionierendes Produkt oder eine gelungene Dienstleistung und keine bloße Emotion. Sie haben keinen »qualitätsorientierten Urlaub«, sondern »Sonnenschein«, ein »tolles Essen« und nette Hotelmitarbeiter kennengelernt. Das Leben ist immer konkret, auch wenn uns Kommunikationsprofis etwas anderes einzureden versuchen. Auch das noch so ambitionierte Unternehmen muss Mittel erwirtschaften, die es schließlich einsetzen kann. Mit Mitleid lässt sich nur begrenzt Geld verdienen. Daher heißt es, dass *Leistung* immer im Mittelpunkt jedes Unternehmens, jeder Organisation, jeder Partei steht.

Es täte uns gut, wenn wir etwas ehrlicher wären und unsere Intentionen nicht hinter grünen oder regenbogenfarbenen Logos verstecken würden – gerade um einen wirklichen Wandel zum Besseren – der mit den Mitteln und Instrumenten der repräsentativen Demokratie ausgehandelt werden muss – einzuleiten. Wir benötigen keine werblichen Luftschlösser, die uns suggerieren, dass der Wandel bereits umgesetzt ist und dass alles so weitergeht wie bisher – nur toleranter, grüner, inklusiver. Wer wirklich eine neue Welt will, muss bereit sein, massiv zu verzichten und nicht glauben, alles ginge so weiter wie bisher. Wollen wir das wirklich? Momentan gibt die ambitionierte Kommunikation vor, alles sei bereits erreicht und alles wäre möglich. Das ist eine Lüge. Wenn es die Protagonisten mit ihrer Transformation wirklich ernst nähmen, dann bedeutete das vor allem Verzicht. Nicht nur für uns, sondern auch für die Gesellschaften, die noch am Beginn ihres wirtschaftlichen Aufstieges stehen und ihren Bevölkerungen das Leben ermöglichen wollen, das wir seit Generationen leben. Haben wir das Recht, dies zu bestimmen?

Zur Ehrlichkeit gehört Austausch und Widerstreit, das Aushalten unterschiedlicher Meinungen, Erfahrungen und Standpunkte. Keine Delegitimierung, keine ethische Selbsterhöhung bestimmter Milieus und Gruppen. Wir brauchen mehr Zutrauen in den konstruktiven Streit und den guten Willen anzunehmen, dass auch die Argumente unseres Gegenübers wertvoll und valide sind, solange sie nicht die Menschenwürde in Frage stellen.

Es bedarf keiner Ethikwächter in Wirtschaft, Medien und Politik, sondern eines Vertrauens in die Urteilsfähigkeit der Menschen – und zwar nicht nur die, die in den typischen romantisierten, schicken In-Vierteln wohnen, mit viel Stuck an den Decken, mit Cafés, wo Vornamen auf den Recycling-RECUP-Bechern prangen, und Kindern, die Sofie und Leonhard heißen und in Lastenrädern, die so viel wie ein Kleinwagen kosten, zur frühkindlichen Musikpädagogik chauffiert werden – sondern auch in die Menschen, die kaum oder überhaupt nicht im Fokus stehen, weil sie es offenbar noch nicht »verstanden haben«. Vielleicht wollen sie es gar nicht auf diese Weise verstehen und haben ihr ureigenes Verständnis. Auch diese Haltung muss möglich sein und hat seine Berechtigung.

Es gilt zu bedenken: Wir alle bilden auch hoffentlich in den nächsten Jahren und Jahrzehnten eine Gemeinschaft und sollten konstruktiv miteinander auskommen und nicht versuchen, uns gegenseitig das Leben schwer zu machen, indem wir uns die Rechtschaffenheit unserer Ideen und Ideale aberkennen. Es ist Zeit, den Menschen zu vertrauen, indem Diversity nicht nur mit kultureller oder geografischer Herkunft oder Verankerung zu tun hat, sondern auch mit der Vielfältigkeit von Ideen und Intuitionen, die uns überhaupt zu lebendigen Menschen machen. Ohne Hochmut.

Das ist mir wichtig.

Gutes Handeln ist Tat und keine Absicht.

1. Kapitel

Wer politische Kommunikation verstehen will, muss die Werbung verstehen und wie sie zu dem wurde, was sie heute ist ...

Als ich meinen Jungs »Gutenachtgeschichten« vorlas ...

Haben Sie schon einmal Kindern eine Gute-Nacht-Geschichte vorgelesen?

Pardon, vielleicht mag Sie diese Frage zu Beginn eines Buches irritieren, das sich mit der Politisierung von Werbung oder der Verwerblichung von Politik zu tun hat, aber der Zusammenhang ist klarer, als er auf den ersten Blick scheint ... lassen Sie sich also bitte nicht durcheinanderbringen ...

Ich habe meinen beiden Söhnen, Bent und Morten, in ihren Kinderjahren sehr regelmäßig zum Abend von Jim Knopf und dem Lokomotivführer, von Latte Igel oder von Kokosnuss, dem Drachen erzählt. Vorgelesen, um ehrlich zu sein.

Inzwischen sind meine Söhne zu Jugendlichen geworden. Büchervorlesen ist zurzeit gerade etwas uncooler, wir kämpfen gegen die »Segnungen« der Digitalisierung, aber die Erinnerungen an unzählige Abende beim Schein der Nachttischlampe und gut aufgeschüttelten Bettdecken bleiben – zumindest bei den Eltern. Denn kaum etwas kann einen glücklicher machen, als den müden Mini-Menschen von großen und kleinen Abenteuern und Heldentaten, Zaubertricks und Reisen zu berichten, bevor es heißt: »So jetzt ist Schlafenszeit – gute Nacht, ihr beiden«. Ein kurzer Gutenachtkuss und dann Licht aus ... die heile Welt ist ein Geschenk.

Das Leben ist manchmal anders. Das Leben läuft nicht immer ausgeruht und selbstbestimmt ab. Manchmal war der Tag für Mutter oder Vater anstrengend: Der Chef ist fordernd, die Studenten nerven, der Stau auf dem Rückweg nach Hause

1. Kapitel

ist lang, die Steuererklärung immer noch nicht geschrieben, der Zug verspätet, der Rasen müsste mal wieder gemäht werden, bevor die Nachbarn merkwürdig schauen. Die (nachvollziehbaren) Vorhaltungen der Ehefrau nerven. Müde und frustriert kommt man zu Hause an, öffnet die Haustür und vernimmt die Stimme der Gattin, die nach einem herzlichen »Hallo« ebenso herzlich erklärt, dass »Du heute mit Vorlesen dran bist«. Der Tag will kein Ende nehmen, da mögen die Kulleraugen des frisch gebadeten Nachwuchses noch so niedlich strahlen ...

Bent und Morten sollen unter diesen weltlichen Aspekten nicht zu sehr leiden, man selbst aber auch irgendwie überleben. Die Kinder warten auf ihre Gutenachtgeschichte ... Was unternimmt ein desperater Vater in solchen Situationen? Er liest und liest und liest und überlegt sich: Vielleicht könnte man das altbekannte Lieblingsbuch der Jungs an der ein oder anderen Stelle ein wenig abkürzen – verdichten –, um sich dann etwas früher der eigenen Rettung zu widmen. Und so kann es sein, dass auf Seite 6 oder spätestens Seite 7 des Wunschbuches die nachfolgende Seite geschickt überblättert oder zumindest ein langer Absatz ausgelassen wird – aufgrund der fehlenden Lesekenntnisse ist eine Textkontrolle durch die Zuhörerschaft ja nicht zu erwarten ...

Seite 6 wird vorgelesen, geblättert und auf Seite 8 fortgeführt ... die Reaktion erfolgt prompt, lautstark und klar erkennbar durch plötzlich in die Höhe schießende Ärmchen: »Papa, Du hast da was vergessen – das geht anders!« Keine Chance. Zurück. »Oh ja, stimmt!« Die fehlende Seite wird gelesen. Alle Kräfte mobilisiert. Irgendwann heißt es: »Gute Nacht!« Der Vorlesende bricht zusammen und wacht um 4.15 Uhr auf. Ich wollte doch noch ...

Wer einmal die Erfahrung gemacht hat, Kindern Geschichten in anderer als der bekannten Form darzubieten, weiß, dass diese mitunter angewandten elterlichen Komprimierungsstrategien nicht funktionieren. Dabei scheint es doch so einfach: Die Geschichten sind bekannt, nichts, was als Information hinzukäme oder einen neuen Einblick liefern würde ... und gerade deshalb muss für Kinder alles so sein, wie es immer ist – vielleicht nicht stets absolut gleich, aber im Kern »so wie es war.« Nur dann herrscht das sichere Gefühl tiefer Geborgenheit ...

Psychologen bezeichnen diese Erfahrung mit der Vorstellung eines »Urvertrauens«. Ein tiefes und fundamentales Gefühl, das über alle Zeiten und Kulturen hinweg existentiell für das Werden des Kindes ist und uns in die Lage versetzt, in Beziehung zu anderen zu treten. Im besten Fall ein Leben lang. Beziehungen, die von Wohlwollen und Zutrauen geprägt sind und einen positiven Austausch, ein Teilen des Erlebens ermöglichen, und uns zu überaus gemeinschaftlichen Wesen, zu einem »Zoon politikon« machen. Wahrscheinlich mag diese Feststellung nicht zu grundlegenden Differenzen in einer Diskussion oder einem privaten Gespräch führen.

Geht es jedoch nach den kreativen Schöpfern des Zeitgeistes, Kommunikationsprofis und Werbern, so ist kaum etwas so unbeliebt, ja geradezu abstoßend, wie das Bekannte. Nichts wird im Bereich der Kommunikation ähnlich oft vermieden wie die lang anhaltende Fortführung einer Botschaft, eines inhaltlichen oder gestalterischen Codes, kurz: einer wiedererkennbaren Typik. In der Sprache der Kommunikationsprofis ist kein Begriff ähnlich verbreitet wie der des »Wear-Out-Effektes«. Er besagt, dass Menschen nichts unattraktiver finden, als etwas über die Zeit wiederzuerkennen: »Kenn ich schon« ist das Todesurteil in Bezug auf jede kommunikative Äußerung. In einer Welt der unermesslichen Botschaften kämen nur noch die Signale durch, die »aufhorchen« lassen, weil sie anders, ungewohnt oder neu sind. Der amerikanische Ökonom und Finanzmathematiker Taleb Nassem hat diese Sucht nach dem Neuen als »Neologismus« bezeichnet.

Es scheint, als würden die Kommunikations- und Überzeugungsstrategien von Wirtschaft und Politik nur allzu oft den ganz banalen Lebenserfahrungen, die wir alle machen, in vielen Bereichen geradezu diametral gegenüberstehen. Löst sich das beschriebene, anscheinend existentiell vorhandene Wohlgefühl meiner Söhne beim Wiedererkennen der Gutenachtgeschichte plötzlich und mit jedem weiteren Lebensjahr einfach in Luft auf?

Alles anders anstatt alles ähnlich?

Alles immer neu?

Ohne Halt und Pause, weil sich nur so noch Menschen erreichen lassen?

Das würde voraussetzen, dass sich die emotionalen und kognitiven Weichenstellungen des Kindesalters im Laufe des Älterwerdens nicht nur verändern, sondern sogar umkehren. Die kulturübergreifenden Bedingungen menschlichen Urvertrauens (immerhin ein Ergebnis von mehreren Zehntausend Jahren Evolution) gelten in modernen Zeiten nicht mehr. Wunderwerk Kommunikation, das die neurologischen Fundamente unseres Geisteslebens in gerade einmal zwei Generationen vollständig umkehren kann ...

Merkwürdig: Jedes Jahr schauen ganze Familienverbände weit über Deutschland, Österreich, die Schweiz hinaus am 31. Dezember des frühen Abends »Dinner for One« – immer und immer wieder. Marktanteil 11,4 % (bei jüngeren Zuschauern sogar mehr als doppelt so hoch). Einschaltquote kontinuierlich wachsend – obwohl doch alles bekannt ist. Auch förderte eine Studie der Hochschule St. Gallen zutage, dass gut 90 % aller Destinationsentscheidungen, die Menschen hinsichtlich ihres Skiurlaubes treffen, in Orte führen, die sie oder Bekannte/Verwandte bereits mehrfach besucht haben (meist seit Jahren).[2] Die Vorstellung, dass unsere Wohnung nach Feierabend jedes Mal anders dekoriert ist, der Lesesessel plötzlich fehlt, mag vielleicht für einige Tage spannend sein, wird aber schnell anstrengend und fordernd.

Nach Schätzungen gibt es zurzeit in etwa 170 000 unterschiedliche Konsumgüter – allein im Bereich Lebensmitteleinzelhandel. Ein deutscher Supermarkt verfügt in der Regel über 12 000 unterschiedliche Produkte in seinen Regalen. Jedes Jahr kommen in etwa 40 000 neue Produkte hinzu, die sich auf dem Markt bewähren müssen. Nur ein Bruchteil von ihnen überlebt, sodass die Anzahl der zugänglichen Produkte stagniert. Kein Wunder: Überprüfen Sie einmal Ihr Einkaufsverhalten! Sieht nach jedem Einkaufsgang der Inhalt Ihres Kühlschranks komplett anders aus? Kaufen Sie jedes Mal vollkommen neue Produkte? Einige Handelsprofis berichten, dass ein durchschnittlicher Haushalt in etwa 500 unterschiedliche Produkte pro Jahr kauft – davon befanden sich bereits ein Jahr davor 80 % im Einkaufswagen – über Jahre. Und je älter man wird, desto ungeprüfter greift man in das Regal mit den bekannten Joghurts, Tütensuppen und Apfelsäften. Dies macht deutlich, wie »gewohnheitslastig« der Einkauf von Waren erfolgt.

Man erinnere sich noch an die Abschlussworte von Bundeskanzlerin Merkel im Fernsehduell mit ihrem Kontrahenten, dem fast vergessenen Peer Steinbrück, im Jahr 2013, die kurz und simpel das entscheidende Argument für die Wiederwahl zusammenfassten: »Sie kennen mich.« Und so manche Kommentatoren unkten, dass die Wahl von Olaf Scholz vor allem damit zu tun gehabt hätte, dass er in Wesen und Auftritt eine männliche Variante der Ex-Bundeskanzlerin sei. Nach Maßgabe vieler Kommunikations- und Werbeprofis zählen dieses vergangene Wissen, unsere Erfahrungen und persönlichen Zuschreibungen nicht mehr (der Wahlsieg von Olaf Scholz war die gekonnte und trendgegenläufige Inszenierung des Bewährten). Plötzlich scheint nur noch das für den Menschen einen Wert zu haben, was neuartig ist.

Die Infragestellung fundamentaler psychologischer Mechanismen wäre als Aspekt der kollektiven Selbstüberschätzung interessant, aber nicht weiter gefährlich. Schließlich würde auf diese Weise lediglich das Geschäftsmodell (gut) verdienender Kreativabteilungen und Marktforschungsinstitute offenbart. Aber es geht um mehr. Es geht um die Frage der Wirklichkeitswahrnehmung eines öffentlichen Akteurs, also der Werbe- und Kommunikationsagenturen, die tagtäglich millionenfach und global unser Bild der gesellschaftlichen Realität mitbestimmen und prägen.

Hier ist er also, der merkwürdige Zusammenhang zwischen den wohligen Gutenachtgewohnheiten meiner Jungs im Kleinkindalter und der Art, wie heutzutage »überzeugt« werden soll. War bisher die Werbung ein Spezialgebiet der Kommunikation, mit der man als branchenfremder Beobachter möglichst wenig zu tun haben wollte – »ist ja nur Werbung« –, wird die Frage nach der Ausrichtung bezahlter Kommunikation in dem Moment wichtig, wenn Werbung schon lange nicht mehr nur für bestimmte Produkte oder Dienstleistungen überzeugen möchte, sondern auf gesellschaftliche und politische Botschaften setzt.

Was ist eigentlich geschehen, wenn Unternehmen nicht mehr nur latent oder auch lautstark mehr verkaufen wollen, sondern meinen, eine noch so ehrenhafte Botschaft zu haben? Es scheint nicht mehr zu genügen, eine wohlschmeckende Limonade zu mixen, eine stabile Schraube zu gießen, ein rostfreies Auto zu bauen, einen sorgenfreien Urlaub an der Costa Brava zu organisieren, die Teewurst wohlschmeckend zu würzen – immerhin alles Produkte und Dienstleistungen, in die Menschen ihr schwer verdientes Geld investieren und vielleicht sogar so etwas wie eine tiefe Freude empfinden. Alles nicht mehr von Belang? Nein, heute geht es immer öfter um das Große und Ganze: um die Schaffung einer besseren Welt. Die Firma Alphabet hat dies sehr unbescheiden wie folgt formuliert: »To improve life for as many people as we can.« Mastercard agiert unter folgendem Leitmotiv: »World beyond cash« – ja. Wir meinen dasselbe, Mastercard. Nämlich das Unternehmen, das mit Geld Geld verdient. Unilever, Produzent unter anderem von Tütensuppen und Eiscreme, ist kaum unbescheidener: »Wir möchten für unsere Umwelt und unsere

Gesellschaft nicht nur geringeren Schaden anrichten, sondern mehr Gutes tun. Wir wollen auf die sozialen und ökologischen Probleme der Welt Einfluss nehmen und mit unseren Produkten das Leben der Menschen verbessern.« Und der direkte Konkurrent Procter & Gamble führt aus: »Unser Ziel ist es, das Leben der Verbraucher:innen zu verbessern, durch kleine, aber bedeutsame Schritte.« IKEA schreibt über sich: »To create a better everyday life for the many people«; AXA: »To act for human progress by protecting what matters«; »Health for all, hunger for none« (Bayer); »To feed and foster communities« (McDonalds); »To inspire the limitless potential in every girl« (Barbie); »Reimage fashion for the good of all« (Zalando); »Creating a world where anyone can ›belong anywhere‹« (Airbnb); »To make our world more human by connecting lives« (Telefonica); »We connect for a better future« (Vodafone) und »Creating better days and a place at the table for everyone« (Kellogg's) ... Die Evangelien und das Kommunistische Manifest addiert versprechen weniger ... Auch kleinere Unternehmen kämpfen für das Paradies auf Erden. Der Rama-Hersteller Upfield schreibt auf seiner Homepage wortgewaltig: »Mit Upfield bauen wir ein nachhaltiges Geschäft auf, das wo immer möglich einen positiven Beitrag für die Gesellschaft liefert.« Zwischen Cornflakes formuliert die Kellogg Company: »We at Kellogg are committed to continuing our founder's legacy by doing everything we can to leave the world a better place than we found it.« Und Gummibärchenerfinder Haribo schreibt: »Unser Leitsatz ›Vor allem Qualität‹ steht im Mittelpunkt unserer unternehmerischen Verantwortung: Wir wollen das Vertrauen unserer Verbraucher in unsere Erzeugnisse auch zukünftig rechtfertigen. Und auch für die Gesellschaft und die Umwelt tragen wir Verantwortung.« Noch nicht einmal mehr peinlich berührende Worthülsen aus dem Thesaurus-Programm. Spannend auch, dass sowohl Upfield und Kellogg als auch Haribo alles Preisträger in der Kategorie »Mogelpackungen des Jahres 2022« waren,

1. Kapitel

indem sie die Inhaltsmengen – kaum merkbar – reduzierten und durch geschicktes Packaging kaschierten (sogenannte »Skrinkflation«).[3] Ein äußerst interpretationsoffenes Verständnis von Verantwortung.

Die Frage ist: Sind wir vernünftiger geworden, weil wir uns – endlich – von der Profanität der Produkte entfernt haben, und jetzt »das Leben der Menschen verbessern wollen«? Geschieht dies, weil wir weisere Wesen sind als alle Generationen zuvor? Geschieht dies, weil die Kommunikationsprofis und die Werber dieser Welt endlich begriffen haben, dass es nicht um Verkauf gehen sollte, sondern um eine lebenswerte Zukunft? Geschieht dies, weil Menschen heutzutage nur so erreicht werden wollen? Geschieht dies, weil Unternehmen durch eine immer stärkere Regulatorik und einen staatlichen Interventionismus im Bereich der Unternehmensführung (Der Staat weist den unwissenden Unternehmen die Richtung), u.a. den sogenannten ESG-Bestimmungen, gezwungen sind, Aspekte des Umweltschutzes (Ecological), der Wahrung sozialer Standards (Social) und des verantwortungsvollen Managements (Governance) zu beachten, um die Funktionalität auf den Investoren- und Finanzmärkten sicherzustellen? Oder geschieht dies alles, weil sich die Säulenheiligen des Verkaufs, die Werber und PR-Experten, von der normalen Welt der Reihenhausbesitzer, Elternabende, Prospektwurfangebote, Familiensparkarten, Viel-Zucker-drin-Slush-Ices und 2-wöchigen Pauschalurlaube schon vollständig verabschiedet haben, und zwar in ihre Gründerzeit-Altbauwohnungen mit viereinhalb Meter hohen Decken, Yoga-Achtsamkeits- und Zuckerfrei-Ernährungskursen, Double-Income-No-Kids-Milieus, samstäglichen Erzeugermarktbesuchen, Kressebeeten im Balkonkübel, *Zeit*-Abonnements, alternierenden Bali- und Sylt-Retreats und Netzwerk-Apéros – und nur noch leutselig über Zettelkommunikation mit ihrem finanziell großzügig versorgten syrischen Putz-Ehepaar einen Hauch von normaler Welt zur Kenntnis nehmen und damit ihre privilegierte Welt- und Zukunftssicht auf die gesamte Welt projizieren? Die Sozialaktivistin und weltweit gelesene Buchautorin Naomi Klein ging vor mehr als 20 Jahren so weit, den Einfluss von Marketing und Werbung mit einem Kriegszustand zu vergleichen und zitierte die Physikerin und Philosophin Ursula Franklin: »We are occupied the way the French and Norwegians were occupied by the Nazis during World War II, but this time by an army of marketeers. We have to reclaim our country from those who occupy it on behalf of their global masters.«[4] Werbung war böse und aktivierte die zerstörerischen Kräfte im Menschen. Ist jetzt alles anders? Nutzen wir diese »besetzende Kraft« nunmehr konstruktiv? Inzwischen ist dieses seinerzeit gefeierte Buch bei jungen Studenten nicht mehr bekannt ...

Und was bedeutet es eigentlich für die Politik, wenn sich Parteien ihre Kommunikationsstrategien lange vor den Wahlen von Menschen »basteln« lassen, die zuvor Kräutertee, Kaugummi und Keksteig anpriesen? Alles nur eine Frage eines schmissigen Logos und Slogans, alles nur eine Frage der Strategie, oder schließen sich nicht entscheidende Überlegungen an das Demokratieverständnis in unserer Zeit an?

Ich stelle mir die Frage: Orientiert sich die Werbung noch an den psychologischen und sozialen Dispositionen der Menschen oder versucht sie, eine eigene Vorstellung davon, wie der Mensch zu sein habe, durchzusetzen? Daraus ergibt sich: Was sind die Motivationen und Inhalte, die über das »Immer-neue-Hinaus« heutzutage die kommunikative Agenda bestimmen? Und schließlich: Entfernt sich die Werbung von Unternehmen immer weiter von ihren informativen oder emotionalen Inhalten hin zu politischen Themen, während die Politik sich zunehmend an den Strategien und Methoden orientiert, die einst Kaugummi, Kosmetiktüchern, Mettwurst, Haftpflichtversicherungen, Katzenfutter oder Tafelschokolade vorbehalten waren? Alles gleich?

1. Kapitel

Geht es den meisten Menschen wirklich um Umweltschutz und Diversity, wenn sie Apfelschorle trinken, Raumduft zerstäuben, Schrundensalbe auftragen, die Bohrmaschine anwerfen oder einen Schokoladendrops lutschen? Howard Gossage, ein Werbeprofi, schrieb seinerzeit: »Niemand liest Werbung. Menschen lesen, was sie interessiert und manchmal ist das eine Werbung.« – Das war in den 1950er-Jahren ... und?

Der französische Ökonom Jean-Noël Kapferer hat 1987 in seinem Buch »Gerüchte – Das älteste Massenmedium der Welt« über den Informationswert von Produkten geschrieben: »Beispielsweise glaubt man oft, es sei leicht, im Bereich des Marketings Gerüchte in Umlauf zu setzen: ein Irrtum. Tatsächlich bringen die meisten Leute nur geringes Interesse für Zahncreme oder ihren Joghurt auf: der überwiegende Teil der Produkte impliziert wenig Anteilnahme. [...] Es ist kein Zufall, dass man im Konsumgüterbereich werben muss.«[5]

Plötzlich trieft alles vor Sinnhaftigkeit. Zweifelsohne mag der Kampf um ein ökologisches Gleichgewicht, um die Menschenwürde und die Rechte der LGBTQ-Bewegung für eine Gruppe Menschen nachvollziehbar und wichtig sein, aber legitimiert dies die absolute Fixierung, Einmütigkeit und mitunter Belehrung in Politik, Medien und vor allem Werbung? Die Menschenwürde ist ein schwer erkämpftes und unbestreitbares Gut, in vielen Teilen der Welt nicht erreicht, aber rechtfertigt die gut gemeinte Absicht und individuelle Überzeugung eine universelle Kommunikations-Kompetenz, bisweilen Botschafts-Diktatur, auf sämtliche Lebensbereiche und universell anwendbar auf höchst unterschiedliche Kulturen? Plötzlich werden Märchen und Schlagertexte sprachlich »korrigiert«, Fernsehserien auf ihre stereotype Rollenausgewogenheit geprüft, Redewendungen verworfen, Anreden neutralisiert. Reisen, Essen, Erziehen, ja selbst der Wunsch, sein Auto in der Innenstadt parken zu dürfen, wird mit »richtig« und »falsch« aufgeladen. Kleinigkeiten(?), aber das Leben besteht nahezu ausschließlich aus Kleinigkeiten, wird jedoch von einer korrekt aufmunitionierten Schar von Ethikheroen gnadenlos bestimmt – weil es sinnreicher ist und die »Bevölkerung« es nicht besser versteht. All dies wäre zu diskutieren, aber eine Diskussion findet nicht statt, weil eine wissende Schicht von Kämpfern für Transformation ihre Sicht unter dem Label »Wahrheit« versteht und als universell positioniert hat, während viele aus Angst, falsch verstanden bzw. eingeordnet zu werden, nicht mehr aussprechen, was sie denken.

Es ist merkwürdig, dass die eigentlichen Leistungen von Unternehmen und Parteien so unwichtig geworden zu sein scheinen. War man bis vor Kurzem noch stolz auf deutsche Ingenieurskunst und italienisches Designverständnis, auf schweizerische Präzision und österreichische Verlässlichkeit, auf leistungsernste Kreativität und berichtete davon, so fokussiert die Kommunikationselite zunehmend auf Ideen und Themen, die zwar wichtig und ehrenwert sind, aber kaum zu den Kernkompetenzen des Urhebers zählen. Wir bebildern die (in der Tat inspirierende) kulturelle Vielfalt der Teams, aber erzählen nicht mehr, was die Entwickler über Monate erfolgreich ausgedacht haben. Wir färben das Logo in Regenbogenfarben, aber berichten nicht mehr davon, warum ein Produkt besonders wirkungsvoll ist; wir zeigen Manager beim aufopferungsvollen Streichen des benachbarten Schulgebäudes, aber nicht mehr beim Besuch von bewährten Servicepartnern.

Das Leid um die politische Positionierung der deutschen Fußballnationalmannschaft bei der Weltmeisterschaft in Katar im Winter 2022 ist lediglich der sichtbare Höhepunkt einer sehr deutschen universellen Weltrettungsfantasie, die in vielen Teilen der Erde im besten Fall Irritation oder im schlimmsten Belustigung auslöst. Der Einsatz für »die Menschenrechte« mit Regenbogen-Kapitänsbinde und alarmistischem Mannschaftsfoto vor dem Anpfiff wirkte belehrend und unsensibel. Nachdem zahlreiche deutsche Medien massiv alles unternommen hatten, um den Zuschauern die Freude am Turnier, also an der Leistung, zu verderben, wurde es langsam still, da der deutsche Anspruch ziemlich verloren im Kontext der Weltwahrnehmung verpuffte. Als sodann der »Ethikweltmeister« dieses Wettbewerbs sportlich stumm unterging, hinterließ ein inhaltlicher Überlegenheitsanspruch gepaart mit spielerischer Inkompetenz im besten Fall Ratlosigkeit, wenn nicht sogar das tiefe Gefühl von Lächerlichkeit. Wenn man wirklich hätte »ein Zeichen setzen wollen«, dann wäre die unweigerliche Konsequenz gewesen, nicht an diesem Wüstenturnier teilzunehmen. Mit sämtlichen schmerzlichen Konsequenzen für Spieler, Funktionäre, Werbetreibende, Sponsoren und die (immer noch) interessierte Öffentlichkeit. Das bedeutet, Verantwortung zu übernehmen statt Attitüden zu besetzen. Es wirkten eloquente, geschmeidig agierende Fassadeure, die deshalb so gefährlich sind, weil sie keine Selbstzweifel zu kennen scheinen. Der Torwart der äußerst bunten und vielfältigen französischen Fußballnationalmannschaft weigerte sich, die Regenbogenbinde als Solidaritätsbekundung zu tragen. Er formulierte: »So wie wir oft wollen, dass sich Fremde an unsere Regeln halten und unsere Kultur respektieren, werde ich dasselbe machen, wenn ich nach Katar gehe. Ziemlich einfach.«[6] Einige Monate danach weigerten sich Spieler der französischen Fußball-Liga, in Regenbogen-Trikots aufzulaufen und wurden drakonisch sanktioniert. Das ZDF kommentierte vollkommen »neutral« mit einer Bildunterschrift des zugrundeliegenden Artikels: »Leuchtendes Beispiel: Lionel Messi und Kylian Mbappé von Paris Saint Germain in Regenbogen-Trikots.«[7]

Worum geht es? Um Inszenierung, um Selbstgefälligkeit, um ein gutes Gewissen, um Kompetenz oder vielleicht tatsächlich um den Willen zu einer ernsthaften Veränderung? Keine Frage: Gesellschaftliches Engagement sieht nicht nur gut aus, umhüllt uns mit empathischer Strahlkraft und macht uns für unsere Umwelt sympathisch. Oft wird die Bekanntheit eines Akteurs, eines Unternehmens oder einer Organisation mit der Aufgabe verbunden, Verantwortung zu übernehmen. Verantwortung ist jedoch stets konkret, sie ist daran geknüpft, dass wir uns diese Verantwortungsfähigkeit zunächst erarbeitet haben und schließlich konkret umsetzen können – also antwortfähig sind. Verantwortung in einer Familie zu übernehmen bedeutet, nach bestem Wissen zu handeln und damit Entscheidungen zu treffen, die das Leben einer Familie beeinflussen. Mit Absichtserklärungen funktionieren Familien nicht. Der amerikanische Kulturpsychologe Jonathan Haidt weist in seinem Buch »The righteous Mind – Why good people are devided by politics and religion« darauf hin, dass spätestens seit den 1960er- und 1970er-Jahren die westliche Welt von einer modernen »Welle des Moralismus« erfasst wurde, die fest davon ausging, dass die menschliche Natur gleichsam ein »leeres Blatt Papier« sei, und es darum ginge, eben dieses Blatt, also die Natur des Menschen, mit den erwünschten Inhalten zu bespielen. Der Gedanke ist nicht neu und war Kerninhalt des marxistischen Materialismus (»Das Sein bestimmt das Bewusstsein«). Wissenschaftler, die diesen Ansatz ablehnten, wurden sukzessive aus dem Wissenschaftsbetrieb ausgeschlossen oder verdrängt, schreibt Haidt, der nicht den Ruf eines reaktionären Fundamentalisten innehat. Inzwischen sei zwar der Pluralismus der Meinungen in einigen Gebieten wiederhergestellt, aber Haidt führt aus, dass es vor allem darauf ankäme zu verstehen, dass unsere Vorstellungen von »gut« und »falsch« nicht vollständig frei gewählt und anerzogen werden können, sondern zu einem großen Teil ein Ergebnis evolutionärer Erfahrung seien, die in uns zumeist unterbewusst, aber massiv wirkten. Und zwar für alle Einstellungen, selbst die, die wir aus bestimmten Gründen ablehnen würden.[8] Wir nehmen wahr, was andere über uns denken, weil wir als soziale Wesen Mitglieder von Gruppen sind und bleiben wollen. In gesellschaftlichen Austausch agieren wir vornehmlich sozial, denn innerhalb unseres Gruppenbewusstseins denken wir als Menschen eher als Gruppenmitglied denn als Individuum, weil wir unser »Team« unterstützen und stärken möchten.

Gibt es eine plausible Erklärung für diesen besonders deutschen Hang, das »Gute zu wollen«? Deutschland will in vielen Bereichen eine herausragende Rolle als »Ethikmeister« übernehmen. Nach 1945 galt es, das totale ethische Versagen in Anbetracht von Völkermord, Rassenhass und Angriffskrieg zu überwinden – daraus erwuchs eine ausgeprägte Sensibilität und Verantwortung in den nachfolgenden Generationen. Es galt, sich fundamental von einer Gesellschaft zu distanzieren, die das menschlich Unmögliche erlaubt und realisiert hatte, und nun alles ethisch Falsche zu vermeiden. Deutschland will nun Weltmeister sein: Ethik-Weltmeister. Vielleicht ist es der stereotype deutsche Hang zur Perfektion, der eine an sich gute und historisch nachvollziehbare Intention in seiner Absolutheit nicht in Lösungen, sondern in Probleme umwandelt.

Werbung als Wegbereiter eines »Conscious Capitalism«

Kommunikationswissenschaftler gehen davon aus, dass jeder Mensch Tag für Tag mindestens 3000 Werbebotschaften (einige gehen sogar von 8000 werblichen Signalen aus) wahrnimmt. Vom Aufdruck auf einem Kugelschreiber, den Plakaten im Bus oder der U-Bahn, den endlos erscheinenden 5-Sekunden-Werbeblöcken vor dem Youtube-Video, dem Werbefernsehen. Diese Botschaften wirken direkt, viel öfter aber latent auf uns ein.

Kaum etwas ist ebenso präsent wie sämtliche analogen und digitalen Formen bezahlter Kommunikation, der heute keiner entgehen kann. Zwar nimmt die Anzahl der Menschen, die Werbung vermeiden, stetig zu (man beachte nur die fast ausnahmslosen Beklebungen von Briefkästen mit dem Signet »Keine Werbung einwerfen«), und AdBlocker sind im Hochbetrieb, aber über neue Formen der Überzeugungsarbeit sind die Botschaften der Werbung keine soziale Nischenrealität, sondern vielmehr absolut und ständig wahrnehmbar in sämtlichen Lebensbereichen. Damit aber ist Werbung mindestens ein ebenso beständiger und wirkungsvoller Teil der Wirklichkeit wie die vermeintlichen Träger der sozialen Wirklichkeit: Schulen, Medien, Museen, Theater oder ambitionierte Kulturinstitute.

Zeigt man Menschen zehn globale Markenlogos, so besteht in der Regel keinerlei Schwierigkeit, dass die größtenteils abstrakten Symbole den korrekten Namen zugeordnet werden. Zeigt man hingegen Blätter der in Europa verbreitetsten Bäume, so wird es spätestens nach Birke und Eiche äußerst still. Fünfjährige haben Dutzende von Werbeslogans parat – das Rezitieren von altbekannten Weihnachts- oder gar Volksliedern bricht abrupt nach der ersten Zeile ab. Das mag jeder wahlweise als Siegeszug der bezahlten Kommunikation oder aber als Niedergang der Kultur empfinden, es verdeutlicht jedoch, dass Werbung die Wirklichkeit, unser tagtägliches Denken, in einem entscheidenden Maße beeinflusst.

Aber was wird beeinflusst? Welchen Botschaften wird Ausdruck verliehen? Denn schon längst umfasst eine werbliche Botschaft nicht mehr die Anpreisung der Fettlösekraft eines Küchenreinigers, des Fruchtgehalts eines Orangensaftes oder eines »Blubbs« frischer Sahne – andere Inhalte haben zu einem großen Teil die Agenda übernommen.

Werbung war nie Selbstzweck, sondern immer Mittel zum Zweck, nämlich zur Gewinnung des öffentlichen Vertrauens in eine Leistung, die unter einem bestimmten Namen erbracht wird: egal, ob es sich um ein Auto, eine Bohrmaschine, eine Pauschalreise, eine Partei oder eine Matratze handelte. Warum war dies wichtig? Um über lange Sicht den Aufwand zu verringern, den es braucht, um einen Menschen zum Kauf eines bestimmten Produktes zu bewegen. Das zu erzeugende Mittel dafür: Vertrauen. Senkung der Transaktionskosten nennt es der Ökonom etwas theoretischer.

Die Tatsache, dass Werbung heute gesellschaftliche Botschaften über die Leistungen einer Marke hinaus vermitteln will, hat seine Ursachen in der Festlegung genereller Bedürfnisse und Vorstellungen über die Welt, wie sie zu sein habe, durch ein äußerst eng vermessenes soziales Milieu der Werbe- und Kommunikationswelt. Gleichzeitig verstehen sich politische Parteien immer öfter als »Produkte« und arbeiten mit ausgewiesenen Konsumgüter-Werbeagenturen zusammen, die ihre Ausrichtungen und kreativen Lösungen frei wählbar im Sinne eines »Wo gewinnen wir am meisten Zuspruch« imaginieren und punktgenau kreieren.

Wie ist es dazu gekommen, dass die schöne, aufregende und ambitionierte Werbewelt und das normale Leben so gar nichts mehr miteinander zu tun haben? »Menschen kaufen schon längst keine Produkte mehr, sondern nur noch ein Image …« Im zeitgenössischen Marketing gilt die Auffassung, dass Produkte und Dienstleistungen leistungsspezifisch kaum noch unterscheidbar wären. Deshalb läge der Wert einer Marke nicht mehr in ihrer Leistung, sondern vor allem an gefühlten Werten und Zuschreibungen – also das Image mache Marken.

Emotionen hatten selten einen derartigen Zuspruch außerhalb von Psychotherapie, persönlichen Krisengesprächen und Selbsterfahrungskursen wie mit der Vorstellung eines sogenannten »Conscious Capitalism«, der sich Mitte der 2000er-Jahre vor dem Hintergrund eines (angenommen) veränderten Konsumentenverhaltens und als Mittel der Werbewirkungsrelevanz entwickelte. Grundlegende Idee: Erfolgreiche Unternehmen kennzeichne vor dem Hintergrund von

Nachhaltigkeits- und Ökologie-Orientierung konsumstarker und junger Bevölkerungsschichten, dass sie über reine Leistungsaspekte hinaus visionäre Vorstellungen und Überzeugungen einer »besseren Welt« teilten. Eine Beobachtung, die unter dem Begriff »Higher Purpose« oder »Collective Purpose« zusammengefasst wurde. Unternehmen würden langfristig nur bestehen können, wenn sie übergreifende, am globalen Gemeinwohl ausgerichtete Ziele in den Fokus rücken würden. Unter dem Begriff des »Purpose« sollten Unternehmen vornehmlich dazu beitragen, die großen Herausforderungen der Zeit (vor allem Umweltschutz, Klimawandel, Rassismus, Gerechtigkeit, Gender) zu lösen. Diese Auffassung in Bezug auf Werbung unterscheidet sich fundamental von Plakaten, Anzeigen und Fernsehspots, die bis vor zwei, drei Jahrzehnten die eigentliche Leistung eines Produktes oder einer Dienstleistung in Szene setzten – und nicht die Welt, sondern vielleicht nur das Abendessen, den Urlaub oder den individuellen bekleidungstechnischen Auftritt optimieren wollten. Andreas Reckwitz hat in seinem fulminanten Buch »Die Gesellschaft der Singularitäten« herausgearbeitet, dass der Zeitgeist von einer Vorstellung und einem Entscheidungstreiber geprägt ist, den der Soziologe als Singularität beschreibt: »Wohin wir auch schauen in der Gesellschaft der Gegenwart: Was immer mehr erwartet wird, ist nicht das Allgemeine, sondern das Besondere. Nicht an das Standardisierte und Regulierte heften sich Hoffnungen, das Interesse und die Anstrengungen [...] von Menschen, sondern an das Einzigartige, das Singuläre. [...] Sowohl für materielle Güter wie für Dienstleistungen gilt, dass an die Stelle der Massenproduktion uniformer Waren jene Ereignisse und Dinge treten, die nicht für alle gleich und identisch sind, sondern einzigartig, das heißt singulär sein wollen.«[9] Die Betonung liegt auf der Vorstellung des »sein wollen«. Denn mitnichten erhält in Zeiten der Massenware und der Skalierung jeder Mensch eine einzigartige Lösung, vielmehr liegt die Aufgabe darin, jedem Kunden das Gefühl zu vermitteln, dass er, und nur er allein, dieses (vollkommen standardisierte) Produkt besitzt. Die dafür nötigen Techniken und Instrumente kennt die moderne Werbewirtschaft. Und so kommt es uns vor, dass wir beim Kauf eines millionenfach produzierten Smartphones von Apple oder Autos von Volkswagen immer das Gefühl haben, dass es »ganz« unseren Wünschen und Geschmack entspricht.

Wenn ein Sachverhalt global auftritt und zum Leitmotiv eines der mächtigsten zeitgenössischen Kommunikationsmittel wird, dann stellen sich Fragen: Wie funktioniert Werbung im 21. Jahrhundert? Wer macht Werbung im 21. Jahrhundert? Wer verdient durch Werbung, und wie wird der Erfolg gemessen? Aber auch: Wie wurde Reklame zur Werbung, zur Kunst und schließlich zu nichts weniger als einem Mittel der Weltenrettung? Was ist passiert und warum?

Sinn! Jetzt!

Marketingprofis versehen die Werbung immer öfter mit dem Label »Sinnhaftigkeit«, im Fachjargon auch »Purpose« genannt. Das heißt folgendes: Eine Hautcreme verkauft gar kein Pflegeprodukt, sondern mehr gesellschaftliche Akzeptanz; ein Heizkesselhersteller bietet seinen Kunden gar nicht mehr eine warme Wohnung, sondern menschliche Nähe; BMW verkauft keine Autos, sondern Zugehörigkeit. Ein Fruchtbonbon sorgt für Toleranz. Coca-Cola wendet sich gegen Hass, Pepsi gegen Polizeigewalt. Eiscreme von Ben & Jerrys steht an vorderster Front bei Black Lives Matter. Patagonia ruft dazu auf, keine »Assholes« zu wählen. Fritz-Kola mag Präsident Erdogan nicht und Krombacher rettet den Regenwald, und überall wird Ozeanplastik gesucht und verwertet. Zu Weihnachten werden wir auf allen Kanälen mit herzzerreißender Mitmenschlichkeit und familiären Versöhnungsorgien bestrahlt: Türkischstämmige Familien braten Gänsekeulen und sortieren Rotkohlschnipsel für ihren deutschen Nachbarn, der eigentlich ein ganz böser Onkel ist (EDEKA). Günther Jauch erklärt uns auf Plakatwänden, dass die Lidl-Plastikflasche eine überaus umweltfreundliche Verpackungsart sei. Eine Versicherung stellt das »Wir« in den Vordergrund und fordert mehr Gemeinsinn (R+V) – nur am Rande bewahrt sie uns vor unkalkulierbaren Kosten. Gillette räumt mit dem Kerl auf und zeigt »den neuen Mann«. Penny sorgt sich um das Gemeinwohl und will den »Riss in der Gesellschaft« kitten. Es ist zu empfehlen, sich diese gleichsam cineastisch perfekten Werbespots einmal anzuschauen … und die euphorischen Kommentierungen der Zuseher (meist aus der Kommunikationsbranche) gleich dazu. An Weihnachten werden wir inzwischen mit sinnhaften Spots der Markenartikler aller Branchen *überschüttet*, sodass wir nach Ansicht einer 5-minütigen Werbepause im Fernsehen tränenüberströmt auf dem heimischen Sofa sitzen und uns darüber klar werden: Alles wird gut, und es gibt »viel mehr, das uns verbindet, als uns trennt …« (übrigens ist man sich der inflationären Verwendung von Sinn zu Weihnachten bewusst geworden, sodass jetzt auch zu Ostern »sinnreiche« Werbespots produziert werden; so strahlte EDEKA erstmalig 2023 einen Osterspot zum Thema »Demenz« aus).[10] Die Top-Liga der Agenturinhaber lädt gerne »wichtige Unternehmenskunden« in das agentureigene Kunstmuseum ein und zeigt zum Abschluss einer privaten Führung ihre ambitioniertesten Werbespots.

Werbung und ihre Kommunikation sorgen für »das Gute« in der Welt und übernehmen – so heißt es in Pressemitteilungen – vor allem »gesellschaftliche Verantwortung«. Deshalb werden Marken sensibel, auch in Bezug auf ihre Vorbildfunktion: Bahlsen hat sich dazu entschlossen, die Markenikone »Afrika« umzubenennen, da der schokoladige Keks allen

Ernstes braun ist. Z-Saucen werden abgeschafft. Der Ben's-Reis verliert seinen »Onkel«. Der »Weiße Riese« ist sowieso ein Nazi, und alle sind entsetzt, dass »Proper« ein »weißer Meister« ist. Er sollte aber wirklich umgehend seine ethnische Hegemonie aufgeben. EDEKA feiert sich in einer »Super-Satisfying«-Kampagne dafür, dass die nachhaltigen Coffeeballs von CoffeeB als Dünger verwendet werden können: »Perfekt für den umweltbewussten Kaffeegenießer, wie unsere Protagonistin Cody B.« Auf Plakaten und Werbeanzeigen achtet man auf ein ausgeglichenes Verhältnis aller menschlichen Hautfarben und Schattierungen – vom Verhältnis Mann/Frau/Divers ganz zu schweigen. Alte Menschen scheinen nur noch Basecaps und Jeans zu tragen, haben riesengroße Kopfhörer auf und fahren den gesamten Tag auf ihren Skateboards unsagbar cool umher. Gaga-Rentner allenthalben. Man darf alles, aber bitte keine Würde mehr ausstrahlen. So viel Ausgeglichenheit, Anti-Klischee und Achtsamkeit war in Werbung und Unternehmenskommunikation noch nie. Die Welt, die wir kennen, wird bald eine andere sein ... eigentlich sind wir bereits am Ziel, und Werbung war noch nie so wahr wie heute.

Die Werbebranche feiert sich ob so bedeutender sozialer Sensibilität und gesellschaftlicher Progressivität auf allen analogen und digitalen Kanälen selbst und pausenlos. Die Sozialen Netzwerke quellen über vor ambitionierten Posts und Kommentaren, die nochmals die Wichtigkeit und den Mut einer »sinnhaften« Kampagne unterstreichen. Digitales Schulterklopfen. Oft werden Preise und Trophäen verteilt. Die Kommentare lauten ungefähr: »Das was wir hier machen, ist wichtig. Wir sorgen für gesellschaftlichen Fortschritt in der Welt und eben nicht nur für profan klingelnde Kassen.« Manchmal fragen Menschen verschämt: »Ist das Euer Ernst? Habt Ihr keine anderen Probleme?« Und werden sofort von einer gutmeinenden, aber gnadenlosen Internet-Ethik-Polizei zerlegt und ins gesellschaftliche Nirwana geschossen. Ein profanes Beispiel: Eine der bedeutendsten Messen für digitales Marketing, die OMR (Online Marketing Rockstars – die Selbstbezeichnung als Rockstar verdeutlicht die Positionierung, die die Branche und die Macher einnehmen möchten) mit 70 000 hochgradig hippen Besuchern zumeist zwischen 25 und 40 Jahren, beschloss 2023, auf »Kuhmilchprodukte« für Kaffee zugunsten von Hafer- und Sojaersatzprodukten zu verzichten. Eine Diskussion fand nicht statt, und eine sensibel vorgebrachte Irritation in den einschlägigen Social-Media-Kanälen von konventionellen Kaffeetrinkern wurde missliebig kommentiert.

In den Vorstandssitzungen mehr oder weniger großer Konzerne verkünden euphorische Marketingverantwortliche (jung, weltgewandt), dass man eine aufmerksamkeitsstarke Kampagne entwickelt habe, die bereits mit dem »Launch« zu höchsten Zustimmungsraten im Netz und allen Kanälen geführt hätte: »15 000 Likes innerhalb eines Tages. Das ist Rekord!« »Awareness« – Aufmerksamkeit – ist die neue Währung. Applaus auf allen Ebenen – und das wirklich gute Gefühl, genau das Richtige zu tun. In der Folge verleiht sich die »kreative Elite« der Werbebranche bei gutem Rotwein (ökologisch aus Südafrika – »Da kenn ich den Winzer! Toller Typ! War früher ein hohes Tier in einer Investmentbank.«) und (veganem) Fingerfood nach (klimaneutraler) Anreise auf (klimaneutralen) Events munter jede Menge Preise für den Kampf gegen das Böse in der Welt. Gutmütiges Kopfnicken und viele klatschende Hände, die aus gut sichtbaren Patagonia-Hoodies herausragen. Branchenmedien machen deutlich, wie engagiert man sich selbst wahrnimmt. Man ist sich sicher: Hier wird die Welt gerettet.

In den schmucken Werbeagenturen in hipper Szenelage und akkurat-wildem Fabrikcharme werden die Träume, Hoffnungen und Wünsche der Zielgruppen analysiert, besprochen und schließlich als »Deep-Insight« genutzt, um der Lebensrealität der potenziellen Zielgruppe möglichst genau zu ent-

1. Kapitel

sprechen: »Emotionalisierung« heißt das Zauberwort. Kunden werden zu »Personas«, Beispielmenschen, die der kreativen Elite helfen, die Konsumenten unter Berücksichtigung eines imaginierten durchschnittlichen Einkommens, Familienstandes, Lebensmottos, Einkaufsverhaltens und Sozialverhältnisses (alles mit aussagekräftigen Bildern) besser zu verstehen. Diese gefeierten und prämierten Strategien haben einen Haken: Keiner weiß wirklich, ob sie funktionieren. Das ist ohnehin das Problem beim Marketing: Man weiß es nie genau. Und obwohl so viele Daten und tiefenpsychologische Interviews wie noch nie dokumentiert werden, nimmt die ominöse Werbewirkung und das Vertrauen der Öffentlichkeit in die Werbung stetig ab – trotz tiefen Sinns und gravitätischer Sinnlichkeit in Gestaltung und Auftritt. Wir wissen immer mehr über den »Konsumenten«, und dennoch reduzieren sich Marktanteil und Vertrauen der klugen Markenartikler Jahr um Jahr kontinuierlich.

Erste wissenschaftliche Ergebnisse weisen unter dem Begriff der »Attitude-Behaviour-Gap« (Einstellungs- versus Verhaltenslücke) darauf hin, dass Menschen keine übergreifende Über-Ethik von den Unternehmen erwarten, sofern diese Aspekte nicht direkt mit der Geschichte oder dem Leistungsfeld des Unternehmens verbunden werden. VW, Bosch und Domestos standen in der kollektiven Wahrnehmung noch nie für die Weltverbesserung, und die Menschen erwarten es (so schmerzhaft es auch ist) auch in Zukunft nicht. Bei Patagonia, Frosch oder Dr. Hauschka schon. Das Ergebnis einer konkreten Leistungsgeschichte und verknüpfter Erwartungshaltungen über die Zeit bis heute. Schließlich haben Marken die Aufgabe, den Alltag zu vereinfachen, indem sie uns orientieren und das geballte Wissen der Angebote in zwei, höchstens drei generelle Inhalte verdichten. Das, was für eine Marke durchaus richtig ist und ihrem Wesen authentisch entspricht, mag für eine andere Marke aus einer anderen Welt stammen – aufgedrückt – und damit künstlich erscheinen. Pepsi konnte seinen Beitrag zu »Black Lives Matter«, einen Werbespot, noch nicht einmal »On Air« bringen, weil die erste Reaktion der Öffentlichkeit desaströs war: Man nimmt dem It-Girl Kendall Jenner viel ab, aber nicht, dass sie – wie in dem Werbespot gezeigt – als engagiertes Rolemodell mit einer Pepsi-Dose in der Hand eine angespannte Situation zwischen demonstrierenden Aktivisten und schwer behelmten Polizisten in Wohlgefallen auflöste ... Auch die Gillette-Kampagne »Für das Beste im Mann« hatte edle Absichten und kämpfte gegen »toxische Männlichkeit«. Auszug aus der Kampagnenbegründung: »Gillette glaubt an das Beste im Mann. Im Januar 2019 wurde der berühmte Slogan von Gillette, ›Für das Beste im Mann‹ 30 Jahre alt [...] Gillette hat daher diesen Slogan umformuliert in ›The Best a Man Can Be‹ und möchte mit der gleichnamigen Kampagne Männer dazu anregen, die beste Version von sich selbst zu sein, die möglich ist. [...] Mit ›We believe‹ regte Gillette eine weltweite Diskussion über Männlichkeit an. Der Film wurde über 110 Millionen Mal abgerufen und in Klassenzimmern, Universitäten, kirchlichen Einrichtungen usw. geteilt und hat Programme von Gillette in Indien, Kanada, Spanien und Südafrika inspiriert.«[11] Vier Jahre nach der gefeierten Kampagne schauen wir ganz profan Joshua Kimmich beim Rasieren zu, der die Produktinnovation des Gillette-Labs-Rasierers bewirbt – die Inspiration war nur von kurzer Dauer. Und Männer sind immer noch böse.

Soviel »Impact« scheinen diese Marketing-Botschaften nicht zu haben und auch immer weniger in den Unternehmen selbst zu überzeugen: Immer öfter sparen Unternehmen die (teure) Funktion des Marketingverantwortlichen ein. Douglas, Johnson&Johnson, Airbnb oder Uber ... sie alle haben keinen Chief Marketing Officer mehr ... und die ehrwürdige Harvard Business Review schreibt, dass »Chief Marketing Officers in den letzten Jahren aus der Mode gekommen sind. Einige Researcher behaupten, sie brächten keinen Mehrwert«.[12]

Zwar werden die hehren Botschaften der Unternehmen gefeiert, aber eine Information, ob diese Botschaften über den Mikrokosmos von Werbern und Marketingprofis von der *Öffentlichkeit geteilt* wurden, bleiben die Macher schuldig. Die Tatsache aber, dass sowohl Pepsi wie auch Gillette ihre ambitionierten Positionierungen kurzerhand wieder zurückgezogen haben, lässt den ein oder anderen unbequemen Gedanken zu. Der versierte Soziologe Kai-Uwe Hellmann verdeutlicht in einem wissenschaftlichen Aufsatz die Hintergründe von »Lifestyle politics«, also einem »individuellen Bekenntnisprogramm«, als eine wichtige Form des modernen Konsums, die eine charakteristische Soziodemografie aufweise: »Wie die Sozialstrukturanalyse solcher Konsumprotestsubstrate mittlerweile herausgefunden hat, handelt es sich dabei vorwiegend um Personen, die mehrheitlich jung, weiblich, akademisch gebildet, politisch progressiv eingestellt sind, in Großstädten leben und sich mit erheblichen Ambivalenzen tragen, was korrekte Konsumverhalten heutzutage bedeuten soll.«[13]

Es mag sein, dass der aufgezeigte Blick der Marketing- und Werbebranche mit dem ein oder anderen Klischee spielt, und doch kommt diese Beschreibung der Realität in den Kreativstuben der modernen Welt ziemlich nahe. Werbung entledigt sich des Stigmas bloßer »Verkaufe« und wird – nachdem sie sich in den 1980er- bis 2000er-Jahren zur Kunstform erklärt hat und sich anschickte, die sogenannte Pop-Kultur mitzuprägen – nun auch noch zum missionarischen Erweckungsfeld: Sinn statt Gier. Es geht nicht mehr um das profane »Mehr« im Sinne von höherer Wertschöpfung für den Akteur mit seinen kaufbaren Leistungen, der das gesamte werbische Spektakel erwirtschaftet, sondern es geht vor allem um »Aufgaben«, »Botschaften« und »Messages«. Das klingt besser als »Umsatz«, »Ergebnis vor Steuern« und »Abschreibungen«. Es tönt bewegender am Abendbrottisch, wenn wir sagen: »Ich habe heute die Welt besser gemacht und mit dem Assistenten von Al Gore telefoniert!« als »Heute haben wir 10 % mehr Produkte verkauft!« – oder? Der Geschäftsführer einer großen Werbeagentur teilt auf dem digitalen Business-Netzwerk den Post seines Kollegen und Konkurrenten mit euphorischen Worten, weil dessen Mitarbeiterin folgendes geschrieben hat: »Es geht nicht mehr darum, auf Teufel-komm-raus das Produkt zu verkaufen. Es geht darum, die menschliche Wahrheit hinter dem Produkt zu vermitteln. Menschen inspirieren (Bildung = Institution) zu wollen, statt sie zu manipulieren. Und zu verstehen, dass wir gemeinsam die Verantwortung tragen, den öffentlichen Raum mitzugestalten. Sure, es ist nur Werbung. Und gleichzeitig eben viel mehr als das. Wie zum Beispiel einer der schönsten Jobs der Welt. Oder Aktivismus. Wenn man so will.«

Was ist aber, wenn diese Form der Werbearbeit eben die Akteure vernichtet, die überhaupt erst durch ihre schnöde Leistungserbringung gegen Geld das Budget erarbeiten, um – ganz sozial – Menschen ordentlich zu bezahlen oder anfallende Steuern, die unsere Straßen, Schulen und Sicherheit finanzieren, zu ermöglichen? Was ist, wenn viele Menschen von einer Marke gar nicht erwarten, dass sie ihnen über deren Leistung hinaus die Welt erklärt oder sogar verdeutlicht, was vermeintlich »richtig« und was vermeintlich »falsch« ist? Was ist, wenn sich viele Menschen ob so viel »Sinnhaftigkeit« entnervt abwenden, weil ihnen der Brotaufstrich, die Rasierklinge und das Spülmittel plötzlich aufzeigen möchten, welche »die beste aller Welten« sei ... Und unter uns: Was so selbstlos und altruistisch daherkommt, ist perfider als die ehrliche Aussage, dass der primäre Sinn eines Unternehmens und seine Daseinsbedingung das möglichst lukrative Erzielen von Profiten ist. Profite, die es möglich machen, Mitarbeiter auf allen Stufen anständig zu bezahlen und damit wahrhaft »sozial« zu agieren und zwar vor allem für die, die nicht täglich im Bio-Markt einkaufen und ihren Joga-Retreat auf Bali buchen können. Mit Profiten bezahlt man Löhne und Lieferanten. Mit Profiten kaufen sich Mitarbeiter Nahrungsmittel, vielleicht auch manchmal einen teuren Wein oder einen echten Schweizer Käse, sie finanzieren ihr Reihenhaus im Grünen und den Gitarrenlehrer ihrer Kinder oder eine wohlverdiente Massage. Was ist, wenn nicht der Sinn die Gier schlägt, sondern die Gier den Sinn nur benutzt? Der Wunsch, »Sinnvolles« zu tun, ist ein menschliches Grundbedürfnis. Die Wissenschaft spricht von der tief verankerten Sehnsucht, der »Entfremdung« (Georg Simmel) zu entgehen. Menschlich vollkommen nachvollziehbar, auch wenn das Leben nun einmal äußerst profan ist (wir werden geboren, wir lernen, arbeiten, heiraten vielleicht und bekommen Kinder und sterben – dazwischen schmieren wir uns Butterbrote). Auch ist alles, was diese überaus ungerechte und zerstörerische Welt ein klein bisschen besser macht, ein großer Gewinn; die Frage ist aber: Findet diese Rettung tatsächlich statt? Retten nicht (im besten Fall) viele lediglich (und psychologisch vollkommen legitim) ihr gutes Gewissen und profitieren von sozialer Anerkennung – vor allem die, die diese Strategien erdenken (und im schlimmsten Fall äußerst perfide ihre Geschäftsmodelle?)? Könnte es nicht auch sein, dass diese großen Ambitionen außerhalb der Marketing- und Medienblase gar nicht erwartet werden, ja sogar zu Verdruss und Ärger »bei den normalen Menschen« führen, weil Unternehmen bestimmte politisch-gesellschaftliche Haltungen einnehmen und massenwirksam kommunizieren – sich also auf ein Terrain vorwagen, das kaum oder in den meisten Fällen *überhaupt* nicht dem Leistungsspektrum des Produktes oder der Dienstleistung entspricht. Unternehmen wirken erzieherisch und agieren als »Verkünder« des Lebens- und Lifestyles einer gut gestellten kosmopolitischen Elite. Ist das nicht wahrhaft böse?

Die entscheidende Frage wird nicht gestellt: Erwarten Menschen von ihren Marken *überhaupt ein gesellschaftliches Commitment* – auch wenn sie es so von sich behaupten? Trägt gesellschaftliches Commitment überhaupt dazu bei, die Wertschöpfungskraft eines Unternehmens zu stärken? Das mögen profane, ja fast unerhörte Fragen sein angesichts der angegangenen Aufgabe der Weltenrettung. Viele Wissenschaftler sagen unmissverständlich »ja« und verweisen auf Meinungsumfragen und Marktforschungen. Das Gros aller Analysen, vornehmlich aus dem Bereich der Ökonomie, weist darauf hin, dass Kunden heute eine »sinnhafte Positionierung« durch Unternehmen erwarten würden: »For example, over 60 % of people believe that paying attention to diversity and inclusion is an important reflection of their own values and more than 70 % say they are more likely to recommend or purchase a brand that takes a stand in support of diversity and inclusion.«[14] Und: »[...] there is a growing consumer expectation that businesses not only deliver functional and emotional benefits, but that they also contribute to peoples' sense of identity. This requires companies to be explicit about their beliefs.«[15]

Immer wieder wird das Argument vorgebracht, dass Marken die *Möglichkeiten*, von sich selbst zu berichten, als ein verändertes Verständnis der Welt und ihrer Wichtigkeiten aufgreifen würden. Marken fungierten als Spiegelbild eines neuen, modernen, partizipativen, grünen und achtsamen Zeitgeistes. Auf den ersten Blick sicherlich nachvollziehbar und plausibel. Jedoch stellen sich Fragen: Geht es uns darum, ein gutes Bild von uns zu zeichnen – vielleicht gerade, um von den Realitäten abzulenken? Haben Unternehmen ein Interesse daran, eine (Werbe-)Wirklichkeit zu bespielen, um eben nichts an ihren realen Geschäftsmodellen ändern zu müssen, und bietet nicht auch der Mythos »veränderter Erwartungen« große Verkaufspotenziale für Agenturen, Berater und Analysten, um die Unternehmen wieder »auf Spur« zu bringen – von methodologischen Verzerrungen in Hinblick auf die zugrundeliegenden Studien ganz zu schweigen?

Ein genauerer Blick tut Not.

1. Kapitel

Profitshaming: Alles, aber bitte kein Geld verdienen

Die Werbeprofis dieser Welt haben ihren Olymp. Er steht nicht in Griechenland, sondern gut per Flugzeug und dann per Taxi-Shuttle erreichbar am Boulevard de la Croisette in Cannes. Einmal im Jahr findet dort die Verleihung der Löwen statt. Dabei handelt es sich um die Oscarverleihung der Werbebranche. Es gibt dort alles, was man sich bei einer »richtigen« Oscarverleihung vorstellt: Rote Teppiche, schicke Garderobe, Filmvorführungen im Palais des Festivals et des Congrès, mit Blick auf das türkisblaue Mittelmeer. Hier werden seit 1954 die weltweit »Besten« der Kreativwirtschaft in 30 Kategorien gekürt. Auf einer globalen Party aller einschlägigen weltweit agierenden Agenturen, Berater und Unternehmen treffen sich die Jungen, Schönen und Erfolgreichen zu einem fünftägigen Stelldichein. Es gibt Messestände mit Strandzugang und Konzerte mit den angesagtesten Stars der Musikbranche. Wer Mitglied der Jury oder mit seinen Beiträgen in die engere Auswahl gekommen ist, feiert dies wortreich und mit einem schicken Schnappschuss im sommerlichen Abendkleid oder betont lässig mit weißem T-Shirt und Sneakers in den Social-Media-Plattformen von Instagram bis LinkedIn. Der Abend der Preisverleihung wird per Live-Schaltung in die Werbemetropolen des Planeten ausgestrahlt und in Mitteleuropa bei Fritz-Kola und toskanischem Bio-Rotwein auf den schmucken Dachterrassen der Kreativwirtschaft gefeiert. Längst haben die großen amerikanischen Tech-Konzerne das Event für sich entdeckt und sponsern massiv die Veranstaltung, wohl wissend, dass hier die kreativen Entscheider der Budgets und Mediapläne zielsicher präsent sind. Auch hier ändern sich die Vorzeichen – zumindest an der Oberfläche: Nobelpreisträgern werden *für ihren sozialen Einsatz »Heart Awards« verliehen*, und 2022 bekam Wolodimir

Selenskyi einen Redeslot. Teilnehmer werden aufgefordert, bei ihren Einreichungen *über den Bereich DE&I-Agenda«* (Diversity, Equity & Inclusion) der Marke oder Agentur zu informieren. Das einfache Ticket für die fünf Tage kostet übrigens 3895 EUR und bis zu 9945 EUR für den Platin-Pass, der den Zugang zu exklusiven Lounges sowie einer garantierten Reservierung für das 5-Sterne-Palace-Hotel beinhaltet (Zimmerkosten nicht eingerechnet). Für 2023 lautet das Motto: »Celebrating creativity that drives progress.« (Wir feiern die Kreativität, die den Fortschritt vorantreibt.)

Alles im Lot.

Und doch: 2022 kaperte Greenpeace mit diversen Aktionen dieses Umfeld und unterbrach die Auftaktveranstaltung: Ein ehemaliger Preisgewinner und Jurymitglied, der Schwede Gustav Martner, stürmte die Bühne und gab seinen Preis zurück. Seine Begründung: Seit 2015 hatte Cannes mehr als 300 Preise an Unternehmen und Agenturen ausgelobt, die den Flugverkehr forcierten, *Ölfirmen*, die sich ein »grünes« Image verpassten und Autohersteller, die weiterhin für Verbrennungsmotoren und SUVs warben. Spätestens dort hörte die grüne Agenda auf, und der Protestler wurde nach einer Minute unter Beifall von der Bühne gebeten ... die Preisverleihung ging fröhlich weiter (diese gut dokumentierte Aktion scheint für die Branche vollkommen irrelevant, so hatten ein Youtube-Video des Protests gut 10 Monate nach seiner Veröffentlichung gerade einmal 2457 Menschen aufgerufen ...).[16]

Was man als teuren Spleen und Oase der Selbstbeweihräucherung oder Mitarbeitermotivation kategorisieren könnte, stellt sich bei näherem Hinsehen als eine äußerst wichtige und geschäftsrelevante Investition für die Unternehmen der Werbe- und Kommunikationsbranche heraus. Denn die dort verliehenen Löwen gelten als Gradmesser für den Innovationsgrad einer Agentur. Neben all den anderen verfügbaren nationalen Kreativpreisen nutzt das Who's who der

1. Kapitel

Branche diese Auszeichnungen gegenüber den global aktiven Unternehmen als Überzeugungsinstrument. Bei den großen Wirtschaftsunternehmen werden erste Auswahlprozesse oftmals mit dem Eingangskriterium getroffen, wie viele Kreativpreise eine Agentur in den letzten Jahren gewonnen hat. Bei der Frage, mit welcher Werbe- und Kommunikationsagentur zusammengearbeitet wird, geht es um viel: *nämlich hohe Budgets, die mitunter über 2* Jahre bei einer zweistelligen Millionensumme liegen. Entscheidend bei der Auswahl ist die Rolle der sogenannten Lead-Agentur, also dem kommunikativen Dienstleister, der die Strategie und konzeptionelle Richtung in engem Austausch mit dem Auftraggeber – meist weltweit – bestimmt. Zahlreiche der Umsetzungen oder länderspezifischen Anpassungen geschehen schließlich über kleinere Agenturen, die die großen Ideen vor Ort verwirklichen. Die Erfahrung zeigt, dass der Auswahlprozess in der Regel sehr eigenständigen Parametern folgt: So wird zumeist nicht gefragt, ob ein Dienstleister durch sein Zutun oder seine Strategien in nachprüfbarer Art und Weise den monetären Gewinn eines Unternehmens gestärkt hat. Dieses Erfolgskriterium wird in der Regel aufhorchen lassen, denn »wie will man denn genau herausfinden, ob eine Werbung direkt zu Verkäufen geführt hat«? Meist wird eine solche Frage nicht nur mit Irritation, sondern einer mehr oder weniger offensichtlichen Verärgerung zur Kenntnis genommen und offenbart den Laien und Unkundigen im Marketing: »Werbung hat heute schon lange nichts mehr mit Verkaufen zu tun, sondern sie ist Trendsetter und verkauft Lebensgefühle und Einstellungen. Es geht um Image.«

Kein Wunder also, dass man sich beim tête-à-tête in Cannes mit einem feinen Blätterteighörnchen, Crêpes Suzette, einem eiskalten Lillet bei leichter Brise des Mistrals über die Verdeutlichung des Mindsets der Zielgruppen austauscht. Oder wie es die Marketingverantwortliche eines großen deutschen Autobauers im Gespräch formuliert: »Wir verkaufen gar keine Autos mehr, sondern wir verkaufen das Lebensgefühl Mobilität.«

Diesen Gefühlen eine adäquate Bühne zu bieten, kann nur gelingen, wenn die Verantwortlichen sich von schnöden betriebswirtschaftlichen Parametern abwenden und passenderen Emotional-Kategorien zuwenden. Diese finden sich nicht mehr in der Ökonomie, sondern vor allem der Psychologie: Gefühle übernehmen die Rolle der tragenden Indikatoren für Erfolg. Und so ist es nur konsequent, wenn in Konferenzen, Seminaren oder Branchenmagazinen selbstsicher behauptet wird: »Werber werden Künstler«, schließlich ist der Künstler derjenige, der durch seine Werke unser Unterbewusstes und Verborgenes, unser emotionales Ich anspricht. Interessanterweise kann sich ein Unternehmen nur eine solche Irritation leisten, wenn es anscheinend nicht darauf angewiesen ist, dass die Investition in Werbung zu einer direkten Wirkung auf den Umsatz führen sollte. Nicht umsonst leben die meisten Künstler heute im Prekariat.

Das ist die Trennung zwischen Leistung und Botschaft. Vor einigen Jahren trat Mercedes im Film »Jurassic World« mit seiner G-Klasse in Erscheinung. In dem Blockbuster wird die genetische Wiedererweckung von Dinosauriern effektreich und unterhaltsam inszeniert. Die G-Klasse fuhr aufgrund von sogenanntem Product-Placement durch den Film und ein global eingesetzter Werbespot thematisierte unbändige Mega-Reptilien auf der Jagd nach Menschenfleisch. Den Werbespot kennzeichnet folgende Dramaturgie: Um den Dinosauriern zu entfliehen oder sie zu jagen, nutzen die Protagonisten immer wieder einen Mercedes, und so sieht der Betrachter im Laufe eines 30-sekündigen Spots sage und schreibe vier volle Sekunden das »State of the art« deutscher Ingenieurskunst laut durch den Dschungel röhren. Nur zu gerne hätte man die Reaktionen der Mercedes-Konstrukteure, Autobauer und Designer gehört, wenn die Marketing- und Agenturverantwortlichen diesen »Männern und Frauen vom

Fach« verdeutlicht hätten, dass man ihre Entwicklungsleistung, die sie sich unter Aufbietung all ihres Know-hows in nervenaufreibender Arbeit *über* Jahre erdacht hatten, nun zwischen Dino-Eiern und Sichelkrallen als Staffage würde sehen können ... Das Argument der Kommunikationsprofis wäre klar: eine globale Reichweite und positive emotionale Verknüpfung. Dass Menschen auch heute noch ein Auto kaufen und vielleicht gerne Argumente für das Investment eines nahezu sechsstelligen Betrages haben sollten, ist nicht mehr in Mode.

Die Kommunikation hat sich in vielen Bereichen von der Wertschöpfungskette abgelöst – und eine Eigenlogik mit eigenen Erfolgsparametern aufgestellt. Im Kern zielt es also doch auf »Entfremdung«, aber einer anderen Art: Es geht um die Entfremdung von Menschen, die mit ehrlicher Leistung Geld erwirtschaften müssen, während sie mit anderen Menschen zusammenarbeiten, die die kreative Entfaltung in den Mittelpunkt rücken. Wenn zusätzlich noch Aspekte der übergreifenden Sinnhaftigkeit hinzukommen, dann transzendiert Werbung nicht nur zu einem psychologisierenden Trend- und Lifestyle-Kanal mit seinen gefeierten Epigonen, sondern geriert sich als Form einer normativ aufgeladenen religiösen Quasi-Ideologie mit missionarischem Sendungsbewusstsein.

Werbung und Kommunikation sind also schon längst keine »Verkaufe« mehr, sondern Aktionsgebiet der Pädagogik – es sind Mittel, um den Menschen »zu verbessern«: Von der Anpreisung einer Viererpackung Steaks zur Weltrettung dauerte es nur einige Jahre. Und weil zahlreiche Unternehmen ihren Daseinszweck eben nicht mehr in ihren Produkten oder Dienstleistungen erkennen (wollen), so schaffen sich auch Werbung und Kommunikation einen neuen »Reason Why« im Gewand einer »Höheren Vernunft« und achtsamen Sensibilität. Robespierre hat einfach die Bühne gewechselt. Das wird gern geglaubt und bestärkt, denn schließlich partizipieren alle an einem guten Gefühl. Ob Menschen jedoch schließlich eben dieses gute Gefühl kaufen oder nicht letztlich ein tiefenreinigendes Waschmittel (das gerne eine sinnhafte Wertschöpfungskette kennzeichnet), ist eine Frage, die schließlich betriebswirtschaftliche Auswertungen ergeben *müssten*. Keinem noch so ambitionierten Unternehmen bringt die Zielsetzung einer wie auch immer besseren Welt etwas, wenn es bankrott geht und den Lieferfahrer über die Reinigungskraft im Büro bis hin zum Auszubildenden entlassen muss.

Während in den anderen Abteilungen das Tagesgeschäft spießig dahintreibt, bildet das Marketing mit hohen Etats und scheinbar schlachtfeldartig ausgeklügelten Strategien eine kreativ-tumultige Speerspitze mit Selbstentfaltungsmöglichkeiten. Marketing wirkt intuitiv, ästhetisch orientiert und kann sich aus diesem Grund in vielen Unternehmen der knallharten Erfolgsüberprüfung entziehen.

Dies hat profane Gründe: Viele werbliche Weisheiten sind in der Regel Scheinbeweise. Der Werber nennt sie Syllogismen und nutzt sie mitunter als tragende Kampagnenidee. Der Syllogismus enthält im Kern stets richtige Splitter, aber sein Kausalzusammenhang ist streng genommen unlogisch. Der zentrale Syllogismus der Werbung ist, dass er in jeder aufmerksamkeitssteigernden Ausprägung zur Wertschöpfung beiträgt. Wenn ich in diesem Buch also verbreiten würde, dass ich täglich zum Frühstück Teile eines Auspuffs äße und diese äußerst wohlschmeckend seien, dann wird die Aufmerksamkeit des Lesers sicherlich steigen und Aufmerksamkeit (»Awareness« nennen es Profis) erzielen. Ob dies aber irgendetwas über die Qualität des Buches aussagt, wird damit nicht beantwortet. Und doch fokussiert die Kommunikationsbranche vor allem auf den Parameter Aufmerksamkeit. Verstärkt wird dies durch die Möglichkeit, Echtzeit-Daten der digitalen Kanäle zu nutzen, die suggerieren, dass endlich »Werkzeuge zur Erfolgsmessung« bereitstünden. Gemessen werden allerdings nicht Markenstärke oder kollektives Ver-

1. Kapitel

trauen, sondern allenfalls Aufmerksamkeit. Aufmerksamkeit zu erzielen, ist allerdings die leichteste aller Übungen: Tabubrüche, Überraschungen, Ungewohntes garantieren Aufmerksamkeit – einer Aktion, aber nicht zwangsläufig dem Aussender gegenüber. Und vor allem: Ein (interessierter) Klick erwirtschaftet keine Löhne.

Monatlich veröffentlichen Werbeagenturen, Beratungsunternehmen und Zukunftsforscher ihre Studien und Branchenanalysen. Meist gibt es sie ad hoc per Download unter Namen wie Zukunftsreport, Genussstudie oder Efficiency-Index bzw. Marktchancen-Report. Diese Vielzahl an Methoden, Programmen, Wirkungsmessern und Whitepapers soll Klarheit vermitteln, offenbart jedoch nur eines: die absolute Ratlosigkeit aller Akteure. Hier werden oft anglophil sowie statistisch angereicherter Humbug teuer verkauft und genehme Studien referenziert. Mit Wissenschaft hat dies in den seltensten Fällen etwas zu tun. Warum auch? Es geht – vollkommen legitim – um das Geschäft mittels Sinn. Die einen freuen sich über Umsatz, die anderen über Zahlen, die Entscheidungen endlich logisch und mit messbaren Parametern untermauern.

Einen besonders fulminanten Überzeugungs-Siegeszug legte vor einigen Jahren das Neuromarketing vor, welches Hirnströme diagnostiziert und lokalisiert und schließlich zu dem Schluss kommt: Starke Marken lösen in etwa die gleichartige Aktivität aus wie die Erinnerung an den ersten Teddybären. Ziel sei es demnach, ebendiese Areale durch besondere Stimuli zu besetzen. Dass dem so ist, wird kein ernstzunehmender Marketingbeobachter bestreiten, allerdings ist die Frage erlaubt, was der wirtschaftliche Nutzen ist, wenn bekannt ist, dass Marke X im unteren Hirnrindenbereich aktiv ist. Die eigentliche Markenführungsaufgabe, die Durchsetzung und kreative Verankerung von konkreten Erfolgsbausteinen, ist weiterhin umzusetzen. Klar ist, dass auch die modernsten und feinsten Kernspintomographen letztlich nur »Blinklichter« zeigen und zwar in dem Bereich, wo das Hirn eine besondere neuronale Aktivität aufweist – also dort, wo zu einem bestimmten Zeitpunkt das Blut verstärkt fließt. Was allerdings dort geschieht, wie also ein Gefühl entsteht, dass können auch die feuerwerksartigen Bilder nicht erklären. Wir wissen immer noch nicht, wie das »Gefühl BMW« kreiert, gespeichert und schließlich aktiviert wird.

Das Grundproblem moderner Werbung ist, dass sie andere Zielsetzungen hat als die, die für einen Unternehmer entscheidend sind. Werber denken werbisch ... das ist die Sprache, in der sie sich oftmals hervorragend auskennen. Es ist eine besondere Sprache mit eigener Syntax und eigenen Logiken – sie hat allerdings nicht viel mit dem zu tun, was ein Unternehmen benötigt, um wirtschaftlich erfolgreich zu agieren. Zu einem sogenannten »Relevant Set« zu gehören, also sich vor einem Verkaufsregal an ein bestimmtes Produkt zu erinnern, hat noch gar nichts mit einer Verkaufsneigung zu tun.

So alt wie die Menschheit: Werbung und Marken

Werbung ist hipp. Werbung ist Zeitgeist. Werbung setzt die ästhetischen Trends. Werbung muss sinnhaft sein.
Nein.
Werbung ist alt.
Dort, wo bisher peinlich genau die Ausgaben für Bürodrehstühle das Controlling zu Höchstleistungen auflaufen lässt, dort wo eine »Lohnerhöhung für die Mitarbeiter im Lager« für die letzten fünf Jahre aufgrund von strukturellen Problemen ausgeschlossen wird und – als Zeichen stetig steigenden Drucks im Verdrängungswettbewerb – die veganen Schokoladen-Kekse von den Konferenztischchen verschwin-

1. Kapitel

den, und Kaffee nur noch auf schriftlicher Anforderung beim Einkauf den Gästen kredenzt wird, darf die Agentur ihre Kreativität ungestüm walten lassen: oft erfolgsunabhängig. Zwar bemerken auch die Werber-Fachmedien, dass Auftraggeber ihr Honorar zunehmend kontrollieren oder die Zahlungsziele über Quartale ausdehnen, aber solange dies noch von den Granden der Branche diskutiert wird, hat dies keine ernst zu nehmenden Auswirkungen auf die Finanzierung der Agentur. Und so treten tagtäglich in kleinen und großen Unternehmen Situationen auf, die bei näherer Betrachtung unfassbar scheinen und mit Einschränkungen dadurch zu erklären sind, dass die eigentliche Leistung der Werbeagenturen in den letzten 30 Jahren nicht ihre verkäuferischen Hilfen, sondern vor allem ihre Überzeugungsarbeit in Hinblick auf die Kritikreduktion bei den Kunden sind. Kritik kommt, wenn überhaupt, von der Geschäftsführung (mit Controller-Hintergrund) bzw. vom Vertrieb. Die Marketing-Etagen mittlerer und größerer Unternehmen speisen sich in der Regel aus über 35-jährigen ehemaligen Werbern, die ihre geistige Heimat weiterhin auf der Agenturseite haben, aber mit nunmehr einem Kind und kreditfinanziertem Eigenheim bei einem Großunternehmen »doch mal auf Nummer sicher gehen« und bei einem Markenartikler oder familiengeführten Mittelständler angeheuert haben (»Irgendwann möchte man einfach nicht mehr bis 2.30 Uhr an den Präsentationen schrauben und kalte Pizza Caprese essen.«). In den Marketingabteilungen herrscht eine erschreckende Bruderschaft von Gleichen, die sich in die Eames-Sessel der Meetingräume fläzen, Turkey-Sandwiches mit Carolina Mustard verzehren, *während der Rest der Belegschaft die Erlöse tagtäglich knochentrocken erwirtschaftet.*

Jeder weiß es, keiner sagt es: Unternehmen können mit der Hilfe von Werbeagenturen stark werden, allerdings ist der Anteil der Fehlinvestitionen – über die Zeit betrachtet – groß. Der wirklich unaufgeregte, aber weise (und deshalb fast vergessene) Werber Vilim Vasata schrieb vor einigen Jahren deutlich: »Die Flut steigt. Wahrnehmung sinkt. Marken verwässern. Milliarden versickern. Dies ist die endliche Antwort auf Henry Ford: Nicht nur die eine Hälfte verschwindet. Nein, fast alles.«[17] Die wirklichen Wahrheiten schmerzen und werden erst gesagt, sobald man die großen Network-Agenturen hinter sich gelassen hat. In der Werbung herrschen keine Wahrheiten, sondern allenfalls durchgesetzte Natürlichkeiten: Alle sagen, dass Werbung wichtig ist, also ist Werbung wichtig. Aus diesem Grund kaufen Firmen Werbung – unabhängig davon, ob die »kreative Pappe« wirklich sinnvoll ist. Das ist der systemrelevante Stützungskreislauf der Werbung.

Werbung im Sinne von Aufmerksamkeitssteigerung findet sich zuhauf, Werbung, die langfristig Wertschöpfung generiert, bleibt größtenteils die Ausnahme. Wer allerdings als Unternehmens- oder Marketingleiter einer Agentur vertraut und in eine Kampagne investiert, wird äußerst selten zugeben, dass er sich falsch entschieden hat – meist hat dies auch keine Konsequenz: Der Verbleib in den Marketingabteilungen überschreitet heutzutage normalerweise nicht mehr als fünf Jahre – das empfehlen schließlich auch erfolgreiche Personalberater ihrer Klientel.

Begeben wir uns trotz allem für einen Augenblick in die Niederungen betriebswirtschaftlicher Erfordernisse und simpler Kosten-Nutzen-Rechnungen. *Ökonomisch* betrachtet ist ein Merkmal kräftiger Unternehmen, dass sie es vermocht haben, in der relevanten Zielgruppe und vielleicht sogar über sie hinaus bestimmte Erwartungen oder, wie wir später kennenlernen werden, ein stabiles »positives Vorurteil« zu verankern. Ebenso, wie wir negative Vorurteile kennen, und wir sie als sorgsam erzogene, aufgeschlossen gebildete und kosmopolit aufgestellte Bürger immerzu tunlichst zu vermeiden suchen, wirkt auch ein generell ungeprüftes förderliches Urteil im menschlichen Zusammenleben. Es gibt sowohl positive wie negative Erwartungen, seitdem es Menschen gibt. Vorurteile reduzieren Komplexität – umso wichtiger, wenn die Welt immer unübersichtlicher wird. Vorurteile machen die Welt überschaubarer und Handlungsabläufe schneller und effizienter. Positive wie negative Vorurteile entstehen allerdings nicht über Nacht, sondern sind Produkt der kontinuierlichen Pflege und Kommunikationen charakteristischer Erfolgsbausteine. Vorurteile entstehen aus typischen Verhalten über die Zeit und verdichten sich zu kollektiv geteilten Erwartungen.

In einer Epoche, in der leider nur zu oft Kreativleistungen als Kreativleistungen per se und nicht als Verlängerung der Wertschöpfungskette angesehen werden, hat die Wirkmächtigkeit von Vorurteilen als langfristig orientierter Aufwandsminimierer keine Bedeutung. Welcher Marketingmanager, geschweige denn Werber, wagt zu sagen: Werbung ist Werbung. Ihre einzige Aufgabe ist es, ein Produkt oder eine Dienstleistung möglichst wertschöpfungsstark zu verkaufen und zwar mit möglichst geringem Aufwand. Das ist – so leidvoll es klingen mag – alles. Dass dieser Sachverhalt kaum noch zur Kenntnis genommen wird, wäre traurig, allerdings geht es um Unternehmenswerte, die nur zu oft aufgrund von falsch verstandenen Rollen, Eitelkeiten und tiefer Unkenntnis versenkt werden. Ein Skandal, aber weil es Usus ist, fällt es nicht auf.

In seinem Werbeklassiker schreibt der Historiker Hanns Buchli bereits im Jahr 1962 überschwänglich, dass sich Werbung in verschiedenen Sprachgebieten und zu recht verschiedenen Zeitaltern findet, was beweist, dass Werbung zu den urtümlichsten Aktivitäten des Menschen gehöre. Folglich nennt er sein Buch »6000 Jahre Werbung« und führt aus: »Denn auch zu dieser Zeit, also vor 1000 bis 2000 Jahren, gab es den Kampf um den Kunden und um dessen Erhaltung, gab es ihn im Groß-, im Mittel- und im Kleinhandel; es gab den Kampf um den Absatz, den Kampf gegen die Konkurrenz. Und wenn die vorliegenden Beweise sich in Firmentafeln und wenigen anderen erhaltenen Dingen erschöpfen, so wohl nur

deshalb, weil – ebenfalls wie heute – diesen Dingen kein Ewigkeitswert beigemessen wird, und weil man wie heute, Akten, die damit zusammenhingen, nicht aufbewahrt hat, sondern sie vernichtete.«[18]
Archäologen finden Tonkrüge aus dem römischen Altertum, auf denen die Hersteller individuelle Zeichen bzw. Qualitätsausweise vermerkt hatten, um zu verdeutlichen, dass sie ihre Krüge im Gegensatz zu den minderwertigen rissigen Angeboten nicht mit Wachs kaschierten. »Sine cera« (ohne Wachs) – gehört zu den ältesten Qualitätsmerkmalen der Kulturgeschichte und hat in der englischen Sprache als »Sincerely« überdauert. Bereits in den 50er-Jahren des vorigen Jahrhunderts arbeitete die Werbeforschung heraus, dass in der Antike Werbung zunächst akustisch und erst später optisch auftrat. Der sog. »Ausrufer« war eine feststehende Berufsbezeichnung im alten Rom. Erhalten geblieben sind bis heute Wandmalereien und Anschlagstafeln, die sog. »Alben«, auf denen Schriftmaler in großen Lettern auf die besondere Güte eines Geschäftes aufmerksam machten. Heute noch in Pompei zu bestaunen.

Im Mittelalter achteten die Handwerker darauf, dass ihre Produkte »zunftgemäß« hergestellt wurden. Richtlinien für die Herstellung und Qualität der unter ihrem Signet veräußerten Waren wurden definiert. Die Zünfte garantieren eine »zünftige« Qualität der Ware, was sicherstellte, dass die Ware nach allen Regeln der Kunst bzw. des Handwerks erarbeitet wurden. Den besonderen Stolz der Handwerker hat Richard Wagner in »Die Meistersinger von Nürnberg« betont. Er lässt den Protagonisten Hans Sachs ausrufen:

»Verachtet mir die Meister nicht, und ehrt mir ihre Kunst! Was ihnen hoch zum Lobe spricht, fiel reichlich euch zur Gunst.«

Der Handwerker war gehalten, seine Arbeit am Fenster, vor den Augen der Öffentlichkeit zu verrichten. Werbung im Sinne der Kundengewinnung wurde als unredlich abge-

1. Kapitel

lehnt – selbst Innovationen galten lange Zeit als nicht zunftgemäß. Der Ökonom Dietrich Kühn beschreibt: »Eine strenge Kontrolle der Waren und die Bestimmung, dass kein Stück veräußert werden dürfte, das nicht von der Zunftsorganisation genehmigt und mit ihrem Beizeichen als Gewähr für die Güte der Arbeit versehen war [...]«[19]

Als Gemeinschaften stehen die Zünfte unter der ordnenden Hand der gewerblichen Gesetzgebung und sind Interessenvertretung von Berufsgruppen gegenüber der adligen Gewalt. Markenzeichen sind die Handwerks- oder Innungszeichen. Handwerker erarbeiten an ihren Stammsitzen aufwendige Aushängeschilder. In England wird das Führen eines Zeichens für Handwerker und Gewerbetreibende sogar zur Pflicht. Heinrich III. ordnet Mitte des 13. Jahrhunderts an, dass die Kaufmannschaft seines Landes an ihren Häusern Zeichen und Aushängeschilder anzubringen habe – gerade auch, um den Menschen, die nur zu einem Bruchteil lesen und schreiben können, eine Orientierung zu ermöglichen.

Diese »Beizeichen« der Handwerkszünfte gelten als erste moderne »Werbemittel«. Als standardisiertes, klar erkennbares Symbol vor dem Hintergrund einer Prüfinstanz ist es geeignet, Kaufentscheidungen zu beeinflussen. Damit erfüllt es eine grundlegende Funktion klassischer Werbung. Zunftsymbole waren klare Signalgeber zwischen »freien Waren« und »Zunftwaren«. Während freie Waren keinerlei Prüfung unterlagen, folgten Zunftwaren klaren Herstellungsordnungen, die von geprüften Mitarbeitern sichergestellt wurden. Die Markierung stellte im Nebeneffekt sicher, dass auch außerhalb der begrenzten Stadtmauern erfolgreich Handel betrieben werden konnte, indem das Zunftzeichen den Käufer – ohne dass er direkten Kontakt zum Erzeuger hatte – in seinem Auswahlprozess absicherte und im positiven Fall überzeugte.

Nur an den Rändern des Wirtschaftssystems, also bei Produkten, die keiner Handwerksgilde unterlagen wie Arzneien oder einfache Gebrauchsgegenstände, durften die Hersteller und Händler so vorgehen, wie sie wollten. Dass sie meist täglich ihren Verkaufsort wechselten, auf Jahrmärkten zu finden waren, verdeutlicht, dass sie keine Kundschaften entwickelten, sondern ihre Käufer immer wieder neu überzeugen mussten. Werbung wird zu dieser Zeit mit Schwindel und Unredlichkeit gleichgesetzt. Bis Mitte des 18. Jahrhunderts sind die Warenmärkte durch die Zünfte organisiert – nur das revolutionäre Frankreich erlaubt ab 1791 die Freiheit der Arbeit, Industrie und der Ausübung jedes Gewerbes. Ansonsten gilt: Es darf lediglich so viel produziert werden, wie für die ausreichende Versorgung der Bevölkerung gebraucht wird. Nur »fahrende Kaufleute« mit zweifelhaften Produkten haben ein Interesse daran, über Bedarf zu verkaufen. Tischler oder Schuhmacher wollen nicht *über* ihren regionalen Wirkungsgrad hinaus – auf Kosten der nachbarschaftlichen Kollegen – wachsen.

Mit der Massenproduktion und dem langsamen sozialen Aufstieg breiterer Bevölkerungsschichten um 1900 trat die Werbung ihren Siegeszug an. Ihre Aufgabe: Menschen, die einen Produzenten nicht mehr persönlich kannten, in Bezug auf den Nutzen eines Produktes zu *überzeugen*. Werbung wurde das Medium der Aufstrebenden, die schnell Geschäfte machen wollten. Kein Wunder, dass sich bereits damals einige Beobachter echauffierten und betonten, dass Werbung schamlos sei, weil sie den hässlichen Vorgang der Bedarfsdeckung »in Schönheit tauchen möchten«.

Vor mehr als 150 Jahren noch zwielichtige Annoncen-Bureaus sind aus Werbern heutzutage Trendsetter, Kreative und Globalkünstler geworden. Was ist schon die Ausstellung im Louvre gegen eine globale Kampagne, denkt mancher Angehöriger der »Creative Class«. Und was motiviert einen Künstler mehr als größtmögliche Aufmerksamkeit? Wie schrieb der Grandseigneur der deutschen Werbewirtschaft Peter Zernisch: »Bleiben die Kreativen im Dienst der Marke

1. Kapitel

zwar außerhalb der engsten Fachöffentlichkeit auch anonym, so erstrahlen ihre Werke doch viel weiter sichtbar als in den Märkten der etablierten Künste.«[20]

Interessanterweise charakterisiert Kunst immer das Vorhandensein einer Öffentlichkeit. Kunst ohne Rezeption, ohne Präsenz, existiert nicht. Dieses Wesen vereint sie mit den Medien. Je mehr Aufmerksamkeit eine Nachricht (oder ein Medium) erzielt, als desto durchsetzungsstärker, also erfolgreicher, gilt sie. Aufmerksamkeit ist der Schlüssel, das Zentrum des Interesses für einen Werber. Gezahlt wird, wenn möglichst viele Menschen am Unterbreiteten Teil haben ... Das lässt sich tagtäglich an der Vehemenz beobachten, mit der beispielsweise Radiostationen kurz vor Erhebung der durchschnittlichen Zuhörerzahlen Plakat- und Zeitungswerbung betreiben und Eigenslogans im Drei-Sekunden-Takt über den Äther jagen, damit das Publikum bei der Zufallsbefragung möglichst oft den Namen der Station sagt ... Denn mit jedem Promille steigt der Sekundenwerbepreis ...

Wie wenig hat sich in den letzten 100 Jahren in der öffentlichen Wahrnehmung der Werbung getan ... Zur eigentlichen Intention von Werbung gibt es keinen Unterschied zu den antiken Wandmalereien in Pompeji und den Bannern im Internet. Was sich verändert hat, sind allerdings die Botschaften, die uns vermeintlich zum Kauf bewegen sollen. Und diese allerdings gewaltig. Warb man bis vor einiger Zeit damit, dass ein Waschpulver die Wäsche weißer machte, so macht heute eine sorgsame Waschtrommel die Welt mit sauberen Handtüchern und Bettlaken nicht weniger als einfach besser.

Nicht Leistung, sondern Image

Die Entwicklung der Werbe- und Kommunikationswelt folgt einem erbarmungslosen Credo: weg vom Produkt und den konkreten Leistungen. Angetrieben vom Glauben, dass sich heutzutage Produkte und Dienstleistungen kaum noch unterscheiden würden, sodass es keine faktischen Gründe mehr für den Kauf eines Produktes gäbe, gilt es, Produkte und Dienstleistungen zunächst emotional und heute sinnhaft aufzuladen.

Ich hatte das Privileg, das Magazin *Stern* von Ende der 1960er- bis in die 2010er-Jahre wegen einer wissenschaftlichen Aufgabenstellung durchzuarbeiten. Interessanterweise haben die wenigsten Unternehmen eine vollständige Dokumentation ihrer werblichen Auftritte parat, und so war diese Form der Recherche die einzige Möglichkeit, um einen weitreichenden Überblick über die Werbehistorie bekannter Unternehmen zu erarbeiten. Kaum etwas scheint so zeitbezogen und situativ und damit auch derartig vergessensorientiert wie die (kostspielige) Werbung von Unternehmen.

Neben der Tatsache, dass sich die journalistischen Inhalte alle 10 Jahre wiederholten, ließen sich werbetechnisch drei inhaltliche Grundtendenzen über sämtliche werbende Unternehmen hinweg nachweisen:
- Die Werbung verlor im Laufe der Jahrzehnte an Text
- Die Werbung erklärte weniger
- Die Werbung setzte zunehmend auf die Veranschaulichung (meist) lachender Menschen und Menschengruppen

Wenn die Aufgabe also eine Differenzierung der Produkte und Dienstleistungen durch die Ausweitung der Wahrnehmungssphäre in den Bereich der Emotionen war, dann geschah dies eben nicht spezifisch, sondern generell über alle

Branchen, Segmente und Unternehmen hinweg auf gestalterisch und inhaltlich ähnliche Weise. Wenn jedoch alle Unternehmen eine strukturell ähnliche »Differenzierungsstrategie« über Jahre bedienen, dann ist das Ergebnis eben keine Differenzierung, sondern eine gestalterische und inhaltliche Angleichung – und dies in Zeiten eines massiv gestiegenen Werbedrucks. Besonders frappierend ist diese Angleichung, weil die Emotionalisierungsinhalte limitiert sind. Denn die Psychologie geht von einer begrenzten Anzahl an universellen Grundemotionen oder kollektiven Resonanzfeldern aus: Freude, Neugier, Leidenschaft, Spannung, um einige zu nennen – in etwa 12. Die Werbewirtschaft dockt an das als positiv empfundene Spektrum dieser Emotionen an und versucht »Unterscheidung« von Tausenden von Marken durch eine Handvoll emotionaler Motive. Gleichzeitig haben Marken ihre Unterscheidungsfähigkeit immer mehr zugunsten des größtmöglichen Gefallensurteils reduziert. Der französische Philosoph Alain Finkielkraut bringt es auf den Punkt: »Genau zu dem Zeitpunkt, da man diese von der weltweiten Werbung entspannten Verbraucher, die mit Gap und Benetton gekleidet und von der Sonne Miamis gebräunt sind, nicht mehr wiedererkennen kann, wollen sie dringend erkannt werden.«[21]

Wenn aber eine enorme Anzahl an Unternehmen eine begrenzte Menge an »Emotionsmotiven« bespielen, dann kommt es naturgemäß zu einer Wahrnehmungsangleichung, die in dem Ergebnis mündet, dass die Kommunikation von Unternehmen vollkommen austauschbar wird. Alle arbeiten mehr oder weniger mit den identischen Materialien, am Ende wird an einen Namen oder ein Logo »angebunden«. Ein spannender Effekt tritt ein, den wir alle aus Alltagsgesprächen kennen: Menschen erinnern sich für kurze Zeit vielleicht an eine besonders originelle Anzeige oder einen Werbefilm und erzählen begeistert davon, aber sie sind nur schwer in der Lage, das Motiv dem zahlenden Unternehmen zuzuordnen. Die Frage, ob der interessierte Betrachter sogleich in das nächste Geschäft gegangen ist oder seinen Computer angeschmissen hat, um das beworbene Produkt zu kaufen, wird gar nicht erst gestellt. Der amerikanische Werbefachmann und Autor Rosser Reeves (1910–1984) fasste diesen Zusammenhang bereits vor 60 Jahren folgendermaßen zusammen: »Viele Werber unterstellen, dass Originalität und das Ausgefallene eine geheimnisvolle Kraft haben. Folglich muss eine Anzeige Aufmerksamkeit erzielen. Dies ist ein typisches Beispiel für die Verwechslung von Mittel und Zweck, denn wenn das Produkt es wert ist, Geld dafür zu bezahlen, dann ist es auch wert, dass ihm Aufmerksamkeit geschenkt wird.«[22]

Die dargestellte Recherche im *Stern* erklärt, warum der Erinnerungseffekt bei Werbung immer weiter abnimmt. So steigen die Ausgaben, die Unternehmen tätigen müssen, um im ohrenbetäubenden Tohuwabohu der Aufmerksamkeitsmärkte überhaupt noch durchzukommen, kontinuierlich und massiv. Das ist ein nachvollziehbares Ergebnis. Denn, wenn alle mehr oder weniger die gleichen Motive bespielen, so muss die Botschaft umso lauter verbreitet werden, um überhaupt noch irgendwo an-, geschweige denn durchzukommen.

WERBEAUSGABEN WELTWEIT VON 2000 BIS 2021 UND PROGNOSE (P) BIS 2024 (AUSWAHL)[23]

2024 p	861 438 Mio. US-Dollar
2023 p	801 530 Mio. US-Dollar
2022 p	761 574 Mio. US-Dollar
2021 p	705 613 Mio. US-Dollar
2020	608 515 Mio. US-Dollar
2015	503 621 Mio. US-Dollar
2010	401 832 Mio. US-Dollar
2005	369 040 Mio. US-Dollar
2000	332 552 Mio. US-Dollar

2. Kapitel

… weil sie stets damit beschäftigt ist, das Stigma der »Manipulation« und »Vermarktung« abzulegen …

Der böse Hyper-Kapitalist

Was ist eigentlich der Zweck eines Unternehmens? Noch vor einigen Jahren wäre diese Frage sehr leicht zu beantworten gewesen: Der eigentliche Zweck eines Unternehmens in einem kapitalistischen Wirtschaftssystem ist es, so zu agieren, dass ein Gewinn entsteht. Sie sind knallharte »For-Profit«-Organisationen.

Man erlaube einen Funken ökonomischer Theorie: Gewinn ist der im Absatzmarkt erzielte Erlös, der aus der Absatzmenge mit dem multiplizierten Güterpreis abzüglich betrieblicher Kosten, also der Faktoreinsatzmenge mal dem Faktorpreis, entsteht.

Ein Gewinn wird – so lautet das ökonomische Optimumprinzip – durch die Steigerung der Erlöse bei (wenn möglich) Kostenminimierung erreicht. Jedoch: Diese Steuerung geschieht in einem vielschichtigen Markt. Auf der einen Seite konkurriert nahezu jedes Unternehmen mit anderen Unternehmen – es verfügt in der Regel über kein Monopol (ansonsten greift häufig der Staat ein). Zum anderen unterliegen die Nachfrage sowie die Investitionsmöglichkeiten potentieller Kunden natürlichen Grenzen – das frei verfügbare Kapital, das auf ein Produkt oder eine Dienstleistung entfallen kann, teilt sich auf unterschiedliche Anbieter auf. Erlöse sind demnach stets begrenzt. Über Formen der Absatzoptimierung wie Vertrieb und Marketing versuchen Unternehmen, ihren Anteil am Markt zu steigern, um über eine erhöhte Nachfrage wiederum auf der Beschaffungs- und Produktionsseite vorteilhafte Skaleneffekte zu erreichen. Ökonomisch betrachtet erklärt dies den »Zwang zum Wachstum«, den Unternehmen im Kapitalismus kennzeichnet. Aufgrund der Vielfalt der

2. Kapitel

aktiven Player in einem Markt gilt es, sich permanent vorteilhafte Positionen zu erarbeiten. Deshalb steht ein selbstauferlegtes »Begrenzungsprogramm« der Logik klassischer kapitalistischer Märkte gegenüber. Nicht »zu wachsen«, könnte (nach einem klassischen ökonomischen Verständnis) nur dann gelingen, wenn die erste Säule der Gewinnsicherung, nämlich die Erhöhung der Erlöse, durch eine Steigerung der Nachfrage erreicht wird. Dies wäre auf vielfältige Weise möglich: Durch die Vergrößerung der Kenntnis über die bloße Existenz eines Produktes sowie durch kollektive Effekte der Begehrenssteigerung, die von den Menschen im Markt – das ist die Kunst – als zutiefst individuell erlebt werden.[24]

Man mag diesen theoretischen Einstieg entschuldigen: Denn was als Einführung in die Betriebswirtschaftslehre so schematisch daherkommt, würde jeder Unternehmer in knappen Worten viel zugänglicher zusammenfassen. Die Aufgabe seines Betriebes ist es: Geld zu verdienen. Das mag eher wenig prosaisch wirken, aber im Kern lässt nur diese Auffassung in einer modernen Sozialität Wirtschaftsakteure, also Firmen und Unternehmen, überhaupt bestehen. Unternehmen, die keine Gewinne erwirtschaften, vergehen. Es sei denn, es handelt sich um staatliche Akteure, die über Subventionen und Zuschüsse als »Einnahmequellen« verfügen. Die Betriebswirtschaftslehre betrachtet diese Form der Unternehmen in besonderer Weise: Sie charakterisiert, dass sie in der Regel nicht nach Gewinn streben, sondern ihre Tätigkeiten kostendeckend bzw. nach dem Zuschussprinzip vollziehen. Zahlreiche gesamtgesellschaftlich relevante Organisationen kennzeichnet ein sogenannter »meritorischer« Zweck. Dabei handelt es sich um Tätigkeiten, die aufgrund ihres besonderen Zuschnitts als gemeinschaftsförderlich kategorisiert werden. So leisten beispielsweise die Kirchen unabhängig von der tatsächlichen Nachfrage besondere Leistungen durch Gottesdienste oder andere liturgische Formen. Viele Mitarbeiter der Caritas oder der Diakonie kennzeichnet in ihrem »Tagesgeschäft« für Krankenhäuser, Altenheime oder Behinderteneinrichtungen, dass sie oft, sehr oft, mehr an Zuwendung und Zeit geben als eigentlich vorgesehen ist – aus einem menschenfreundlichen Selbstverständnis, das die Verantwortlichen dieser Institutionen pflegen und motivieren müssen. Im Einzelnen lassen sich der Wert meritokratischer Aktivitäten, so hat der Ökonom und Soziologe Bernd Halfar betont, nicht bemessen: Was ist die genaue Leistung eines Gottesdienstes, einer Pfadfindergruppe, eines Kindergartens?[25] Wir wissen aber: Sie sind wichtig und werden deshalb (meist staatlich oder kirchlich) unterstützt.

Jeder Betrieb ist in unterschiedliche Märkte eingebettet und versucht durch systematische Entscheidungen, den übergreifenden Unternehmenszweck erfolgreich zu beeinflussen. Egal, ob wissenschaftlich fundiert oder auf Basis der Lebenserfahrung: Der Zweck eines Unternehmens ist es, im besten Falle so zu wirtschaften, dass es nicht nur alle Kosten deckt, sondern einen Gewinn, also Profit erwirtschaftet, der letztlich dafür sorgt – und dies liegt im Ermessen des Unternehmers bzw. Managers – seine Finca auf Mallorca oder eine Eigentumswohnung auf Sylt, einen Bonus für die Mitarbeiter, neue Maschinen, Investitionen oder gar Geschäftsideen zu finanzieren.

Milton Friedman, der amerikanische Ökonom, prägte mit seiner Theorie des »Shareholder-Value« vor allem im angloamerikanischen Raum über mehr als eine Generation hinweg die Vorstellung davon, was der Sinn und der Zweck von Unternehmen sei. Friedman ist heute in Ungnade gefallen: Er gilt als der eiskalte Vertreter einer Wirtschaftsordnung, in der rabiate Unternehmen das Sagen haben und Regierungen den Notwendigkeiten des Marktes unterworfen sind. Der Sozialstaat sei eher störend denn notwendig, wird unterstellt. Viele seiner Freunde und Feinde beziehen sich bei dieser groben Verallgemeinerung seiner Thesen auf den kurzen Aufsatz »The Social Responsibility Of Business Is to Increase Its Profits« (Die soziale Verantwortung der Wirtschaft besteht darin, ihre Gewinne zu steigern), der am 13. September 1970 im *New York Times Magazine* veröffentlicht wurde. Das Denken Milton Friedmans, Professor an der Universität von Chicago, wo er über 30 Jahre lehrte und zu einem der einflussreichsten Ökonomen des ausgehenden 20. Jahrhunderts wurde, formulierte über seine gesamte forscherische Laufbahn zwei grundsätzliche ökonomische Prämissen:

1) Es sind die Zentralbanken, die verantwortlich für Inflation und Deflation sind.
2) Nur ein freier Markt schafft in seiner Eigenlogik Werte und regelt selbsttätig ein Gleichgewicht zwischen Produktion und Nachfrage.

Mit diesen Auffassungen stand Friedman dem Geist seiner Zeit erkennbar entgegen. Die 1950er- bis 1970er-Jahre waren geprägt von einer makroökonomischen Sicht, die auf den Theorien des Briten John Maynard Keynes beruhten. Ganz im Gegensatz zu Friedman ging Keynes davon aus, dass der freie Markt nicht automatisch zu einer funktionierenden Wirtschaft führte, sondern dass der Staat sowohl in die Geldpolitik als auch in den Markt eingreifen müsse, um eine soziale und politische Stabilität sicherzustellen. Das Abwägen dieser beiden, sich diametral gegenüberstehen Auffassungen, prägte die Volks- und Betriebsökonomie über ein halbes Jahrhundert.

Neben seinem Einfluss auf die Geldpolitik beschäftigte sich Friedman mit den Aufgaben und Verantwortungen der Unternehmen in einer Volkswirtschaft. Einer der Kernsätze seiner Überlegungen lautet, dass er die generelle »soziale Verantwortung« eines Unternehmens als Unternehmen verneint. Nicht Firmen, sondern nur Menschen könnten konkret Verantwortung übernehmen. Denn als »künstliche Person« würden Unternehmen allenfalls »künstliche Verantwortungen« eingehen und somit im besten Fall abstrakt wahrnehmbar sein. Die eigentliche Verantwortung könnten lediglich die

Geschäftsleute (»Businessman«) eines Unternehmens übernehmen. Sie sind die Verantwortlichen, die die Wertschöpfungschancen einer Firma so ausrichten müssten, dass sie ein Maximum an Gewinn erreichen, insofern dies in Einklang mit den geltenden Gesetzen und Bestimmungen und den bestehenden informellen und formellen ethischen Grundregeln geschehe. Sein Credo war so deutlich, wie es heute kaum noch ein Kommentator, geschweige denn Wissenschaftler formulieren würde: »Die soziale Verantwortung von Unternehmen ist die Erhöhung ihrer Gewinne.«[26] Sofern sie Gelder für Aufgaben investierten, die nicht direkt zur Gewinnmaximierung beitrügen, investierten sie Geld, das ihnen nicht zustehe, sondern über das allein Aktionäre oder Anteilseigner verfügen dürften. Die Aufgaben eines Unternehmensverantwortlichen fasste Friedman in einem griffigen Satz zusammen: »The Business of Business is Business.«[27] Er verdeutlichte seine Ablehnung in Bezug auf die »soziale Verantwortung« von Unternehmen, da er die Frage aufwarf, auf welcher Basis ein Manager seine Entscheidung im Feld der »sozialen Verantwortung« fällt. Woher hat er seine Expertise? Nach welchen Maßstäben bemisst sich der soziale Erfolg des eingesetzten Geldes? Gerade, weil viele Unternehmen nicht mehr durch Eigentümer geführt würden, seien Entscheidungen, die die Verwendung von Gewinnen beträfen, besonders heikel: Einem angestellten Manager stünde es nicht zu, Eigentum, dass er nur verwaltet, anderen Zwecken als dem Profitstreben unterzuordnen, schließlich sei er auch eben dafür ausgewählt und angestellt worden. Die Steuerung sozialer Aufgaben unterliege dem Staat, der durch Gesetze und Regeln dafür Sorge zu treffen habe, dass soziale Aufgaben – demokratisch legitimiert – ausgewählt und priorisiert realisiert werden könnten (wobei Friedman stets eine Reduktion staatlicher Investitionsquoten forderte).

Friedman wirkte nicht als gewissenloser und ideologisch verbohrter Opportunist, differenzierte aber in klare Aufgabenteilungen: So bemerkte er, dass es der langfristigen Gewinnsicherung diene, wenn durch spezifische Aktionen die Resonanz und damit die Gewinnaussichten hinsichtlich eines Unternehmens positiv beeinflusst werde. Kritisch betrachtete er hingegen Manager und Unternehmensverantwortliche, die sich vornehmlich darum kümmerten, das Unternehmen mit segensreichen Appellen, Vorträgen und Beweisen ihres sozialen Engagements aufzuladen. Damit würden sie das existenzbedingende Streben nach Gewinn über kurz oder lang desavouieren und somit den eigentlichen Zweck des Unternehmens untergraben.

Friedmans für unsere Zeit als provokativ scheinenden Positionierungen sind vor dem Kontext des gesellschaftlichen und politischen Klimas der Systemkonkurrenz von Ost und West und der damals vorherrschenden Denkschulen des Kalten Krieges zu verstehen – Friedmans ausgesprochener Wirtschaftsliberalismus stand in ständiger ideologischer Konkurrenz zu anderen Wirtschaftsordnungen.

Heute gelten die Thesen Friedmans oftmals als Relikte einer vergangenen und längst überholten Wirtschaftstheorie – eine »Irrlehre aus vergangenen Zeiten«, kommentierte die *Neue Zürcher Zeitung* vor einigen Jahren.[28] Oft dienen seine Gedanken als »Schreckensgespenst« einer »neo-liberalen Wirtschaftspolitik«, die in den 1970er-Jahren durch die sogenannten Chicago-Boys (den Anhängern der Lehre Friedmans) in Chile durch den damaligen Diktator Augusto Pinochet gewalttätig durchgesetzt wurden. Oder er gilt als Säulenheiliger und »eiskalter Mastermind« einer Wirtschaftspolitik, die in den 1980er-Jahren von Margaret Thatcher in Großbritannien und Ronald Reagan in den USA forciert wurde.[29]

Alles so einfach?

Vertrauen braucht Zeit

Jede Unternehmung, egal ob Döner-Grill oder ein Gentech-Unternehmen, ist von Menschen geprägt, die in ihrer Umwelt einen Bedarf erkennen, etwas irgendwie »anders« oder »besser« machen zu wollen. So gibt es in manchen Hamburger Stadtteilen bereits eine Vielzahl an Cafés, und es drängt sich der Eindruck auf, dass die Einwohner außer Kaffee und Cookies keine anderen Bedürfnisse zu haben scheinen. Und dennoch: Obwohl man meinen müsste, dass das Angebot bereits gedeckt sei, kommen jeden Tag wieder Menschen auf die Idee, noch ein, *ihr* besonderes Café zu eröffnen, weil sie mit einer speziellen Kaffeesorte, einer verfeinerten Zubereitungsart, einem durchdachten Interieur oder einer überzeugenden Preispolitik Kunden gewinnen wollen. Auch wenn alles dagegenspricht, an sich alles bereits existent zu sein scheint, so mag ein Detail, eine neue Lösung eben genau der Clou sein, der an einem bestimmten Ort zu einer bestimmten Zeit viele Menschen überzeugt. Diesen inneren Willen und Drang, Ideen zu realisieren, hat einer der Gründerväter der deutschen Soziologie, Ferdinand Tönnies, vor fast 150 Jahren als »wesenwillig« bezeichnet. Unter Wesenwille verstand Tönnies eine Form des individuellen Willens, der intuitiv geprägt ist, bestimmt von unserer Biografie, unserem Lebensumfeld, unseren Erfahrungen, Erfolgen und Niederlagen und am ehesten durch unser »Bauchgefühl«, unsere Intuition, bestimmt ist. Im Wesenwillen wirkt die Kraft unserer Geschichte. »Eigentlich müsste man mal ...«, sagen wir und manchmal erwächst daraus doch tatsächlich eine Idee, ein Projekt oder eine Wichtigkeit, die wir schließlich Realität werden lassen – obwohl eigentlich alles dagegenspricht. Den gut dotierten Job zugunsten des eigenen Hotels kündigen? Ein Sabbatical, obwohl man doch die Abteilungsleitung übernehmen könnte? Einfach nur, weil wir merken, dass es für uns wichtig ist.

2. Kapitel

Aber wir sind eben nicht nur Intuition und Gefühl. Der Zweifel, der uns überkommt, wenn wir wirklich vor der Entscheidung stehen, unserem »Traum« zu folgen (und es meist bei den hehren Gedanken lassen), fasst Tönnies unter dem Begriff des »Kürwillens« zusammen. Kürwille beschreibt ein zweckrationales Abwägen. Kürwillig gestalten wir unser Leben, indem wir bestimmte zukünftige Ziele anstreben und planvoll entwickeln. Wir »küren«, soweit möglich, eigenständig unseren Lebensweg. In der Realität befinden wir uns stets im Spannungsfeld dieser beiden Willensformen, und in all unseren Entscheidungen kommt es stets zu einer Vermischung, die uns manchmal eher »vernünftig« sein und auf der anderen Seite das »Unbekannte« wagen lässt.

Unternehmer sind in der Regel Menschen, die aus einem tieferen inneren Antrieb eine besondere Lösung bieten, »tüfteln«, in die Öffentlichkeit treten und sehr oft bereit sind, existentielle Risiken einzugehen, ganz simpel, weil sie an ihre Idee glauben, und ihrem Enthusiasmus noch nicht einmal die staatliche Regulierungswut etwas anhaben kann. Aus diesen Ideen sind langsam, aber kontinuierlich innovative Unternehmen oder sogar multinationale Konzerne geworden. Auch Coca-Cola begann in einer Apotheke im Jahr 1886 und Mercedes in einem Werkraum 1899. In einem sozialen Prozess von Leistungsentwicklung und öffentlicher Erfahrung baut sich der gute Ruf einer Leistung unter einem bestimmten Namen auf. Es entsteht eine Marke. Der Weg dahin ist lang: Wussten Sie beispielsweise, dass die größte Sportartikelmarke der Welt, das Unternehmen Nike (Umsatz 2022: 43,8 Milliarden Euro bei 70 000 Beschäftigten weltweit), als kleiner Importeur für japanische Sportschuhe im Jahr 1962 begonnen hat? Ein Langstreckenläufer der Universität Stanford hat sich nach Japan begeben, weil ihm zugetragen worden war, dass dort von einer kleinen Firma namens Onitsuka Tiger spezielle Laufschuhe fabriziert würden. Er entschloss sich, diese Schuhe unter dem Markennamen »Blue Ribbon Sports«

in den USA zu verkaufen – in den ersten Jahren fuhr er mit seinem Transporter zu Laufveranstaltungen und Sport-Events und verkaufte direkt aus seinem Wagen heraus. Gleichzeitig verbesserte er unter Mithilfe eines erfahrenen Lauftrainers die importierten Schuhe, sodass sie in den Folgejahren einen begrenzten Ruhm bei Laufenthusiasten (und das waren zu dieser Zeit sehr wenige) verfügten. Ausgestattet mit ihren ersten Erfahrungen und einem kleinen Netzwerk starteten die beiden 1971 ihre erste eigene Marke: Nike – nach der Göttin des Sieges. Zu Beginn mussten sie sich massiv gegen die Platzhirsche der Branche wie Adidas oder Puma behaupten und avancierten dennoch über die Zeit zu einem erfolgreichen Global-Brand. Red Bull verkaufte 1984 seine erste Dose und brauchte gut 15 Jahre, um nennenswerte Stückzahlen abzusetzen. Nach heutigen »Start-Up-Investoren-Maßstäben« hätte diese Marke keine Chance gehabt, da sich über viele Jahre kein Mensch für dieses nach aufgelösten Gummibärchen schmeckende Wässerchen unbekannten Zwecks interessierte. Heute sehen wir eine globale Marken-Ikone, die Menschen in die Erdatmosphäre schickt, Sportclubs finanziert und die coolsten Sportevents der Welt sponsert. Ein Blick in die Geschichte offenbart, dass es Zeit brauchte, damit aus Wahrnehmung, Erfahrung und schließlich Vertrauen wird. Ferdinand Tönnies formulierte diese soziale Dynamik in folgendem Dreiklang: Gefallen, Gewohnheit, Gedächtnis.

Auch Unternehmen wie Apple oder Nespresso wurden nicht über Nacht zu den gefeierten Marken, die sie heute sind. Im Gegenteil: Sie alle begannen als Kleinstprojekte und hatten in ihrer Anfangszeit mit massiven Problemen und Gegenwind zu kämpfen und gelangten erst nach 10 bis 15 Jahren in (bescheidene) Gewinnzonen.

Heute ist das Vorgehen vieler junger Gründer, die in dramatischen Fernsehshows die Möglichkeit erhalten, ihre Idee vorzustellen, anders: Man sucht den ominösen Markt nach Lücken ab und versucht, diese mit neuartigen Produkten zu füllen und »ganz, ganz schnell zu skalieren«. Mit Skalieren wird eine Unternehmensstrategie beschrieben, die daraufsetzt, durch zahlreiche werbliche und vertriebliche Impulse in Kombination mit einer massiven (digitalen) Präsenz schnellstens Marktanteile zu gewinnen – dies gelingt meist dann, wenn durch kommunikatives und vertriebliches Trommelfeuer die Bekanntheit eines Produktes oder einer Dienstleistung teuer erkauft wird. Das umgangssprachliche Definitionsverständnis von Skalierbarkeit ist, dass man eine »Geschäftsidee« vergrößern kann (ohne dass die Investitionskosten reziprok steigen). Kurz: Eine (Erfolgs-)-Idee vervielfältigt sich und sorgt so für eine immer größere Wertschöpfung. Oder: Wenn ich erst einmal ein Ladengeschäft nahezu aufgebaut und optimiert habe, dann gilt es aus einem Geschäft 3, 30 oder 300 auf Basis des grundlegenden (dann nahezu kostenlosen) Konzeptes zu machen.

Eine Strategie, die die Vorstellung der Skalierbarkeit in das Zentrum ihrer Plausibilitätsprüfungen rückt, orientiert sich also an massengängigen und schnellen Wachstumsmodellen. Allein das ist drollig: Sprechen wir doch ständig von Reduktion und Begrenzung im Sinne der Nachhaltigkeit. Ob es dem neuen Unternehmen gelingt, sich so auszurichten, dass letztlich nicht nur Aufmerksamkeit im Gegensatz zu sozialem Vertrauen entsteht, wird meist nicht gefragt. Letztlich kennzeichnet nämlich (nahezu) sämtliche starken Marken, dass sie zunächst klein und lokal begannen und sich langsam aber stetig konzentrisch vergrößerten – da eine wachsende Gruppe Menschen von ihren Erfahrungen berichtete, vielleicht sogar Empfehlungen aussprachen und sich so – wie das stetige Formen eines Schneeballes – schließlich eine kritische Masse ergibt, die fast blind vor Vertrauen ins Regal greift. Wenn man heute eines im Unternehmertum allerdings nicht mehr hat, dann sind es Zeit und Geduld, obwohl, frei nach Seneca, alles, was schnell erblüht, ebenso schnell wieder vergeht. Und so mag es nicht überraschen, dass eine Auswertung über das Alter deutscher Unternehmen ergeben hat, dass nur 2 % aller deutschen Firmen älter als 100 Jahre alt sind – gerade einmal 5 % aller deutschen Unternehmen sind älter als 50 Jahre. Im Schnitt ist ein Unternehmen gerade einmal neun Jahre alt. Tendenz weiter abnehmend.[30]

In der Vorstellung der »Skalierung« wirken sich die Möglichkeiten digitaler Unternehmensstrategien direkt auf die Vorstellung der Gesamtwirtschaft aus. Denn in der digitalen Welt geht es vor dem Hintergrund einer Plattformökonomie nicht mehr um die Beschränkungen eines lokalen oder nationalen Marktes, sondern um die Möglichkeit, von einem Laptop aus »die ganze Welt« zu erobern. Das sind Allmachtsfantasien, von denen Diktatoren nur träumen mögen oder digitale Rollenspielereien und an sich ein Fall für einen erfahrenen und gutmütigen Therapeuten.

Auch Frischkäse und Parteien haben eine Seele

Die Digitalisierung aller Lebensbereiche hinterlässt Spuren, denn eine webbasierte Ökonomie beruht (auf den ersten Blick) auf schneller zu realisierenden Durchsetzungsmöglichkeiten. Der hippe Mythos der Digitalwirtschaft geht davon aus, dass mehrere junge Menschen mit ihren Laptops und in Badehosen in spannenden Co-Working-Units in Barcelona eine weltumspannende Idee in 20-Stunden-Schichten schaffen und schließlich an einen millionenschweren Venture-Kapitalgeber verkaufen. Oft schwebt der Begriff »Exitstrategie« inhaltsschwer durch die Räumlichkeiten ... Der unternehmerische Geist basiert weniger auf einer Produktidee, die sich organisch vervielfältigt, zwischenmenschliche Resonanz aufbaut und sich verstetigt, sondern auf dem »Durchsetzen« von Markt-Bekanntheit. Oft ist dann von der Beta-Ökonomie die

Rede: Schnell »Go live« gehen, schnell Nutzer aufbauen, um den Markt zu besetzen (oder zumindest aus Konkurrenzangst, aufgekauft zu werden) – Optimierungen erfolgen im »Flight«. Und irgendwann: »Declare victory«, weil alle aus dem Markt verdrängt oder aufgekauft wurden ...

Auch wenn dieses Modell als »Idealtypus« für eine moderne Wirtschaft wirkt, so stellt sich aus langfristorientierter Sicht eine entscheidende Frage: Schaffen diese Unternehmen Werte? Gelingt es ihnen auf lange Sicht, »Transaktionskosten« zu reduzieren? Sind sie überhaupt eine Marke? Die Plattformökonomie ist davon geprägt, reale, d. h. analoge Leistungserbringer zu nutzen, ohne tatsächliche Leistungen zu schaffen. Sofern also die Leistungserbringer auf die Idee kommen sollten, resonanzstärkere, lukrativere Plattformen zu nutzen oder gar zu entwickeln, werden bestehende Anbieter irrelevant. Sie verlören ihre Produkte. Sie sind auf die analogen Leistungserbringer angewiesen. Denn sie sind ihr Treib- und Kraftstoff. Interessanterweise kennzeichnet viele digitale Marken, dass sie relativ rasch wieder in die reale Welt hineinwachsen (z. B. Amazon macht nun Shops aus Beton und Mörtel), denn nur die analoge Präsenz macht eine Marke unersetzbar und sichert ihre Relevanz ab. Erst wenn es digitale Anbieter vermocht haben, Gewohnheitsmuster zu verankern, könnte überhaupt von einer Marke gesprochen werden. Und dies ist bisher nur wenigen gelungen: Amazon, Airbnb und Ebay sind digitale Marken, weil sie es vermocht haben, kollektiv positive Vorurteile zu verankern: Ich will mich informieren? = Google. Ich möchte etwas Gebrauchtes kaufen? = Ebay. Die hohen Venture-Kapitalvolumina lassen sich nur damit erklären, dass es Ziel ist, eben diese Gewohnheitsmuster zu besetzen und über lange Zeiträume zu nutzen.

Das bedeutet, dass Skalierbarkeit kein Wert an sich ist, sondern erst dann wirksam wird, wenn ein Gewohnheitsmuster entstanden ist. Denn Marke liegt in dem Moment vor, wenn spezifische Leistungen mit einem Namen verbunden werden – nicht nur heute, sondern auch morgen. Vor diesem Hintergrund müssen skalierte Geschäftsmodelle in den meisten Fällen noch beweisen, dass sie Teil eines unnachdenklichen Alltages werden. Die meisten »Einhörner« haben noch nie (lange) Geld verdient. Lassen wir uns also Zeit festzulegen, wer wirklich – wirtschaftlich – erfolgreich ist.

Der Glaube, dass Unternehmen vor allem die Aufgabe hätten, einen Gewinn zu erwirtschaften, ist keine Erfindung des Neo-Liberalismus oder bösartiger Kapitalisten, sondern ein Grundprinzip, das sich bereits in antiken Quellen findet. So schreibt Aristoteles in der »Politeia« vor gut 2400 Jahren: »Das Handelsgewerbe wird mit steigender Routine auch mit steigendem Raffinement betrieben, indem man sorgfältig darauf achtete, woher man die Waren beziehen und wie man sie umsetzen müsse, damit sie einen möglichst großen Gewinn abwürfen.«[31]

Das Streben nach Gewinn folgt dabei nicht ausschließlich egoistischen Zielen, sondern Gewinn ist eine Voraussetzung dafür, dass ein Unternehmen als System überhaupt überlebensfähig ist. Sobald ein organischer Körper, eine Organisation oder eine Unternehmung mehr verbraucht als es vereinnahmt, so löst es sich langsam aber stetig auf. In diesem Sinne ist der Gewinn als eine Form des Überschusses die Voraussetzung für das Überleben eines jedweden Systems.

Marken sind daher alte, aber weiterhin brandaktuelle Formen menschlicher Bündnisse auf Basis von Leistungsideen. Indem sie ihre Leistungen in typischer Weise erbringen, entstehen in diesem »gedachten Bündnis« spezifische Erwartungshaltungen, die die Besonderheit haben, kollektiv zu sein: Viele Menschen fällt zu Haribo, VW oder auch der CDU sehr viel Gleiches ein. Damit verfügt ein Unternehmen über eine klare Verpolung und Erwartungshaltung in den Köpfen der Menschen – ein kostenloser Dauerwerbeblock zu jeder Sendezeit.

2. Kapitel

Das Phänomen Marke lässt sich daher betriebswirtschaftlich nicht herleiten, sondern allenfalls beschreiben. Eine betriebswirtschaftliche Perspektive verdeutlicht die Oberfläche, die Auswirkungen ökonomischen Handelns und ist nicht in der Lage, die ursächlichen sozialen Mechanismen und Dynamiken des Systems Marke zu entschlüsseln. Es gilt also, zwischen Ursache und Wirkung zu trennen. Denn Menschen handeln in den wenigsten Fällen im Sinne des »homo oeconomicus«, also stets rational und nach der besten aller rechnerischen Möglichkeiten suchend (dies hat Friedman auch nie so interpretiert). Aus diesem Grund ist die Bezeichnung eines Käufers als »Verbraucher« nahezu eine Beleidigung. In den wenigsten Momenten unseres Lebens »verbrauchen« wir nur ... Menschen wählen, wägen ab und haben Freude an der Kaufentscheidung. Der Wein, der am Abend getrunken wird, die Butter, die wir uns aufs Brot schmieren, der Bleistift, den wir uns per Versand bestellen ... All dies wählen wir aus, weil wir damit etwas verbinden oder sogar Erinnerungen pflegen; Leistungen wie Geschmack, Produktqualität, vielleicht auch einen bestimmten Preis.

Jede Kauf- oder Wahlentscheidung umfasst neben rationalen Abwägungsfeldern also ebenso soziologische und psychologische Faktoren: Wir sehen bei einem Produkt oder einer Dienstleistung immer mehr als nur den reinen Gebrauchswert, nämlich auch den (gefühlten) Tauschwert. Die Vorstellung, dass das profane Produkt ein Image hätte, also bestimmte »Charaktereigenschaften«, ist nicht neu: »Um daher eine Analogie zu finden, müssen wir in die Nebelregionen der religiösen Welt leuchten. Hier scheinen die Produkte des menschlichen Kopfes mit eigenem Leben begabte, untereinander und mit den Menschen in Verhältnis stehende selbstständige Gestalten.« Und weiter: »Eine Ware scheint auf den ersten Blick ein selbstverständliches, triviales Ding. Ihre Analyse ergibt, dass sie ein sehr vertracktes Ding ist, voller metaphysischer Spitzfindigkeit und theologischer Mucken.

Soweit sie Gebrauchswert, ist nichts Mysteriöses an ihr, ob ich sie nun unter dem Gesichtspunkt, dass sie durch ihre Eigenschaften menschliche Bedürfnisse befriedigt oder diese Eigenschaften erst als Produkt menschlicher Arbeit erhält. Sobald [das Produkt] nämlich als Ware auftritt, verwandelt [es] sich nämlich in ein sinnlich, übersinnliches Ding.«[32] Autor: klar, Karl Marx, Markentheoretiker. Geradezu fasziniert beschreibt Marx das Wesen des modernen Produktes, welches nicht nur den Bedarf befriedigt, sondern sich als Ware verändert, indem es einen Subjektcharakter annimmt.

Mit dieser Analyse tritt Marx als ein ausgesprochener Marketing-Theoretiker auf, denn ernstzunehmende Experten werden heute kaum etwas anderes behaupten, wenn es um das Thema Marke geht – man nennt es nur anders: Image. Wenn Karl Marx einen Tatbestand mit Recht bewusst gemacht hat, dann diesen: Waren sind vergegenständlichte Sozialbeziehungen. Produkte oder Dienstleistungen sind nicht leblos, sie sind aufgeladen mit Vorstellungen, Zuschreibungen und Bildern. Anders gewendet: Waren sind erst als Subjekte Objekt, erst wenn sie uns etwas bedeuten, üben sie Anziehung aus. Der Begründer der Markensoziologie, Alexander Deichsel, betont noch deutlicher: »Die Dinge sind beseelt. Sie sind nicht nur Gerät, sie sind auch Wille. Die Dinge strahlen selber einen Willen ab, weil sie den Willen jener enthalten, die sie hergestellt haben und denen sie ihr Leben verdanken [...].«[33]

Und dabei ist es vollkommen unerheblich, ob es sich um einen Apple-Computer, ein Auto, einen Frischkäse oder die beste Döner-Bude im Stadtteil handelt.

Diese Klärung vorausgeschickt bleibt die Frage, was die Inhalte des »positiven Vorurteils« sind.

Die sehr alte Vorstellung von sozialer Verantwortung

Es ist keineswegs so, dass die Frage der sozialen Verantwortung des Unternehmertums erst in den vergangenen Jahren aufgekommen wäre. Der bereits oben zitierte britische Ökonom Keynes ging davon aus, dass der Staat durch Mittel der Investition und Instrumente des Sozialstaates bei konjunkturellen Ungleichgewichten punktuell eingreift und reguliert, da der »freie Markt« an sich nicht automatisch dazu tendiere, das übergreifende Wohl der Menschen sicherzustellen. Keynes schrieb 1926 einen Aufsatz unter dem Titel »The End of Laissez-faire«. Darin setzt sich der Wissenschaftler mit dem sozioökonomischen Funktionieren von Gesellschaften auseinander und beschreibt das Aufkommen und die Verankerung des Begriffes »Laissez-faire« seit Mitte des 18. Jahrhunderts. Die Kernaussage des Artikels lautet: Die Vorstellung, dass allein wirtschaftliche Freiheit, also das freie Spiel der Kräfte auf einem Markt, eingedenk des »egoistischen Strebens des Einzelnen« zu den besten ökonomischen und sozialen Ergebnissen führe, sei falsch und nicht haltbar. Ganz im Gegenteil: Die erfolgreichsten aller Unternehmer (»Great Captains of Industry«) hätten stets »das große Ganze« im Blick und handelten ganz und gar nicht nach der Prämisse, dass nur sie oder allein ihre Firma direkt davon profitierten würden. Mit Keynes zeichnet sich ein erster Entwurf unternehmerischer Verantwortung vor dem Hintergrund sozialer Konflikte und gesellschaftlicher Brüche vor nahezu 100 Jahren ab.

Konkret wurde die »sozialen Verantwortung« des Geschäftsmannes und der Unternehmen in den 1930er- und 1940er-Jahren vor allem in amerikanischen akademischen Kreisen diskutiert. Heute wird der Begriff der »Social Responsability« dem Amerikaner Howard R. Bowen zugeschrieben. Bowen veröffentlichte seine Überlegungen unter einem

Buchtitel, der als Begrifflichkeit sehr viel später seinen kommunikativen Siegeszug antreten sollte. 1953 erschien das Buch »The social Responsability of the Businessman«. Heute gilt Bowen als einer der Urväter der Corporate-Social-Responsability-Theorie.

Es scheint mitunter, dass dieses Buch zwar oft genannt wird und viel zitierte Kernlektüre ist, aber so gut wie nie wirklich gelesen wird. Denn Bowen schreibt bereits im Vorwort, dass die Frage der »sozialen Verantwortung« des Geschäftsmannes »oft und vielfältig diskutiert« werde – es bestehe keinesfalls eine einhellige Vorstellung davon, was diese »Verantwortung« konkret bedeutete.

Bowen hatte bereits fünf Jahre zuvor ein Buch unter dem Titel: »Social Economy« veröffentlicht, in dem er die Grundlagen der Ökonomie leicht zugänglich erläutert. Die Publikation des Buches fiel mit der weltpolitischen Systemkonfrontation zusammen, in der »kommunistische Umtriebe« in den USA argwöhnisch im Rahmen der sogenannten McCarthy-Ära (einer Zeit der Verfolgung sog. »kommunistischer Aktivitäten« in den USA) beobachtet wurden, sodass der Titel von oberflächlichen Beobachtern als »sozial = sozialistisch« interpretiert wurde und schnell in öffentliche Ungnade fiel. Außerdem galt Bowen aufgrund seiner Kenntnis des als »Sozialisten« verschrienen Keynes als gefährlich, so dass er 1950 als Dekan des wirtschaftswissenschaftlichen Instituts der Universität Illinois zurücktreten musste. Eine der Begründungen: Bowen sei »anti business« ... dies, obwohl Bowen klarmachte: »The term ›social institutions‹ is variously defined. In the present context it refers to any practice which is socially accepted and widely prevelant. Thus any mode of action, way of thinking, procedure, observance, or convention which is more or less common to the members of the social group may be regarded as an institution.«[34] Bowen setzte dennoch in den Folgejahren seine wissenschaftliche Karriere mit einigen Umwegen fort.

Bowen definiert vor 80 Jahren in seinen Ausführungen elf Felder, die »sozial verantwortlich« durch einen Unternehmer geführt werden sollten. Diese sind:
- ein hoher Lebensstandard
- wirtschaftlicher Fortschritt
- wirtschaftliche Stabilität
- Sicherheit
- Ordnung
- Gerechtigkeit
- Freiheit
- persönliche Entwicklungsmöglichkeiten
- Verbesserung des Gemeinschaftsgeistes
- Nationale Sicherheit
- persönliche Unversehrtheit

Er stellt weitreichende Fragen, beispielsweise, inwieweit sich ein Unternehmer zurückhalten müsse, wenn die »amerikanischen Freiheiten« (»American Freedoms«) in Gefahr seien, gleichzeitig aber auch, was ein Unternehmer zu tun habe, um gegen Vorurteile und Diskriminierung anzukämpfen. Bowen reflektiert, warum der Kampf für Bürgerrechte oder Minderheiten nur Bischöfen, Rechtsanwälten und Professoren überlassen werden sollte?

Über alle Bereiche hinweg fordert Bowen eine individualisierte Abwägung zwischen wirtschaftlichen und sozialen Wirkungen, die der Ökonom unter »Wahrhaftigkeit und Befolgung der geltenden Gesetze« zusammenfasst. Spannenderweise bezieht Bowen seine Überlegungen und Anregungen explizit auf den Unternehmer (Businessman) und nicht auf das Unternehmen. Im Kern ist es (überraschenderweise) eine Sichtweise, die Friedman übernehmen sollte: Die eigentliche Verantwortung unternehmerischer Handlungen müssen Menschen übernehmen und steuern, wohingegen der Gedanke, dass ein »Unternehmen« Verantwortung übernehmen könnte, gar nicht erst in Betracht gezogen wird. Bowen begründet dies mit der Überlegung zur Legitimierung von Entscheidungen (Wer entscheidet?) und der Tatsache, dass Unternehmens-Verantwortung nie klar verortbar sei: Entscheidet die gesamte Mitarbeiterschaft über die Unternehmensziele? Entscheidet die Belegschaft, ob Teile des Gewinns an ein soziales Projekt gespendet werden – und wenn ja welche? Wer übernimmt die finanzielle Verantwortung für ein soziales Investment? Warum sollten Menschen, die Bilanzen lesen können, ein unternehmensstrategisches Geschick aufweisen können, um »Sozial-Budgets« sinnvoll einzusetzen? Welche Kompetenzen weisen sie überhaupt auf? Und: Wie erfolgt die Kontrolle dieser Gelder und des Engagements?

Der Klassiker der Corporate Social Responsability (CSR) ist mitnichten eine eifrige Kampfschrift für einen (gut gemeinten) »sozialen Aktionismus«. Es ist eine eher nachdenkliche und Fragen aufwerfende Reflexion über die Bereiche und den gesellschaftlichen Radius, in dem Unternehmen konkret wirken könnten und dürfen. Bowens inhaltliche Positionierungen bleiben neutral, ihm gelingt ein pendelndes Pro und Contra – auf vielerlei Ebenen. Es ist also mitnichten so, auch wenn dies in der heutigen Referenzierung mit diesem Klassiker immer wieder durchscheint, dass Bowen ein überzeugter Verfechter einer frühen CSR-Agenda wäre. Viel eher versucht er mit umfassendem Blick, Szenarien und Grenzlinien des unternehmerischen Handlungshorizonts auszuloten und formuliert beispielsweise in Hinblick auf werbliche Aktivitäten untypisch kategorisch: »Unternehmer sollten keine Wächter unserer Moral oder Haltung sein.«[35]

Unternehmerische Verantwortung und ihre Inszenierung im Rahmen der Werbung wurde von Bowen bereits zu seiner Zeit sensibel wahrgenommen. Es ergibt Sinn, sich mit Blick auf die dargelegte »Geschichte der unternehmerischen Verantwortung« ihrer veröffentlichten Ausprägung durch Werbung und gelenkte Kommunikation zuzuwenden.

2. Kapitel

Vorurteile sind gut

Auch wenn sich die Werbung heute gerne ihrer eigentlichen Funktion entledigen will, so hat Werbung eine einzige Aufgabe: Sie soll dafür sorgen, dass von einem Produkt oder einer Dienstleistung mehr verkauft wird. Werbung startete in dem Moment, als Waren nicht nur für den unmittelbaren Bedarf produziert oder vorgehalten wurden, sondern als unternehmerische Produktion oder Mitarbeiterpräsenz und die damit verbundene Fixkosten dazu führten, dass die Nachfrage mit Hilfe einer präsenten Kommunikation stabilisiert und planbar gemacht werden musste – zumindest so lange, bis es einer Ware gelungen war, ohne oder mit nur wenig Werbung zu einer (Kauf-)Gewohnheit der Menschen zu werden.

Letztlich muss es das Ziel jedes langfristig orientierten Unternehmens sein, durch die Etablierung von positiven Vorurteilen in den Köpfen der Menschen Orientierungen und Gewohnheiten zu schaffen. Im Angebotsgewitter der modernen und de facto unendlichen Warenmärkte, ist das Ziel erreicht, wenn wir vor einem prall gefüllten Kühlregal mit einer unüberschaubaren Fülle an Joghurts durch Erfahrung und Wiedererkennen zu diesem einen, *unserem*, Sahne-Erdbeer-Joghurt greifen.

Tritt also ein Zustand ein, der bestimmte Leistungen mit kollektiv geteilten Vorstellungen verbindet, spricht ein Markensoziologe von einer Marke: Marken sind positive Vorurteile in den für das Produkt relevanten Öffentlichkeiten. So denken wir vielleicht bei Volvo an Sicherheit, oder bei Nivea an eine blaue Dose und »gute Produkte zu einem vernünftigen Preis«, bei Aldi fällt sehr vielen Menschen das gute Preis-Leistungsverhältnis ein oder einfach nur »billig«, aber dies massenweise und kultur- und generationenübergreifend ...
Es ist erstaunlich, wie inhaltlich gleichartig die Bilder und

Vorstellungen sind, wenn wir die Attribute nennen sollen, die uns positiv zu einem Unternehmen einfallen.

Der ökonomische Zweck und der immense finanzielle Wert einer Marke liegen in der Tatsache begründet, dass wir uns »wortlos«, teilweise sogar kulturübergreifend über die Beschaffenheiten und die Eigenschaften einer Marke einig sind. Eine Marke wie Airbnb besitzt kein einziges Gebäude, ist aber als Marke Milliarden wert, weil unter dem Signet der Firma viele Menschen global bestimmte Vorstellungen haben. Der Wert der Marke ist der Speicherplatz in den Köpfen. Erst das macht es möglich, dass Marken zu Identifikationsträgern werden. In der Regel merken wir uns sehr konkrete Eigenschaften – nicht abstrakte Emotionen – die wir als Erwartungshaltung oder positives Vorurteil zu unserem Erfahrungsschatz hinzufügen. Die immer wieder vorgebrachte Vorstellung von »Emotionalisierung« verkennt Ursache und Wirkung. Denn erst aus konkreten Leistungen entstehen abstrakte Emotionen. Anders gewendet: Auch der Mythos Ferrari entsteht in einer Werkhalle in Maranello.

Indem wir eine Marke kaufen, erzählen wir auch ein wenig von uns selbst, und wie wir in der Welt gesehen werden wollen. Dies ist aber nur dann möglich, wenn der andere »meine Aussage« versteht, gleichsam die gleiche Sprache in Bezug auf das Objekt spricht. Eine Rolex hat nur dann Sinn, wenn der Gegenüber versteht, »was« eine Rolex bedeutet: Prestige, eine teure Uhr oder auch Schweizer Uhrmacherkunst. Marken beherrschen eine Weltsprache. Diese Einordnung gilt nicht nur für Luxusprodukte, sondern ist ebenso wirksam in dem Moment, in dem wir uns für Kleidung von Armed Angels (»Umweltschutz«), H&M (»Trendy«) oder C&A (»Solide Ware«) entscheiden. Dem großen Moralphilosophen und Modemacher Wolfgang Joop wird der Ausspruch zugeschreiben: »Je mehr Marken, desto individueller das Ich.« Mit Blick auf die psychologische Funktion von Marken ist diese Auffassung nachvollziehbar. Räumt man der Moderne den

2. Kapitel

Ballast idealisierender Individualitätsmythen ab, so stellt sich heraus, dass Individualität nicht dadurch entsteht, dass wir unsere Umwelt pausenlos vollständig neu erfinden und unsere Ideen realisieren, sondern wir wählen (soweit uns dies möglich ist) aus der Vielzahl aller Möglichkeiten der Welt die Elemente aus, die uns zusagen, die wir uns leisten können oder die uns gefallen. Erst aus der Kombination existenter Möglichkeiten und Elemente entsteht ein höchst individueller Charakter, das moderne Individuum. Und meistens noch nicht einmal das: Ein Blick auf die Straßen Mitteleuropas und in die Statistiken der Kraftfahrzeugämter offenbaren ein einträchtiges Bild – schwarze, graue, dunkelblaue Autos, ca. 80 % aller Autofarben ... und dies, obwohl die Farbpalette der Autobauer so groß ist wie noch nie. Strukturell betrachtet ermöglichen also nicht die Inhalte an sich Individualität, sondern die Zusammenführung der Inhalte durch einen Menschen. Und das zutiefst Menschliche dieses Talents ist, dass unser ästhetisches Urteil frei ist. Wir können nicht vorgeben, die Farbe »grün« zu mögen oder Kammermusik des 17. Jahrhunderts, anderen gefällt Heavy Metal ... nur möglich, wenn die Bilder in unserem Kopf klar und eindeutig sind, wenn wir benennen und wählen können, was uns gefällt.

Es setzt also das ein, was normalerweise als »Image« bezeichnet wird, aber de facto nichts anderes ist als ein »positives Vorurteil«. Im modernen, auch wissenschaftlichen Sprachgebrauch ist das »Vorurteil« negativ besetzt. Wir alle sollten möglichst keine Vorurteile haben. Erst 2020 warb die damalige Bundesregierung in einer nationalen Werbekampagne massiv gegen Vorurteile. Keine Frage: Negative Vorurteile in Bezug auf Menschen, Gruppen, Länder, Kulturen haben zu zerstörerischen und menschenverachtenden Gräueln geführt. Sie sind nicht hinnehmbar, sofern sie die Würde eines Menschen oder ganzer Kulturen als Stereotype per se entwerten.

Die Tatsache, dass Politik und Pädagogik das Thema der Vorurteilsüberwindung jedoch immer wieder in den Fokus rücken, zeigt nur allzu deutlich auf, wie schwer es ist, diese orientierende Konstante holzschnittartiger Typisierungen im Zusammenleben zu vermeiden. Warum? Weil »Vorurteile« entscheidend sind, wenn es um das Überleben in einer komplexen Umwelt geht. Vorurteile haben die Aufgabe, uns im Wirrwarr des Lebens zu orientieren, manchmal sogar zu leiten. Nicht allumfassend und differenziert, aber ebenso korrekt genug, dass es uns vor allzu großen Fehlern und Mühen bewahrt. Einer der prägendsten Vorurteilsforscher des 20. Jahrhunderts war Gordon W. Allport. 1954 formulierte er: »Vielleicht lautet die kürzeste aller Definitionen des Vorurteils: Von anderen ohne ausreichende Begründung schlecht denken. Diese knappe Formulierung enthält die beiden wesentlichen Elemente aller einschlägigen Definitionen: den Hinweis auf die Unbegründetheit des Urteils und auf den Gefühlston.«[36] Dieses Zitat Allports deckt sich mit der verbreiteten Vorstellung des »negativen« Charakters eines Vorurteils. Das Original-Zitat nimmt allerdings noch eine unerwartete inhaltliche Wendung, die kaum zitiert wird, denn Allport schreibt: »[Die Definition] ist jedoch für die völlige Klarheit zu kurz. Zuerst einmal bezieht sich diese Formulierung auf das negative Vorurteil. Aber manche haben auch positive Vorurteile über andere.« Max Horkheimer, Impresario der linken Frankfurter Schule, formuliert in einem Aufsatz aus dem Jahr 1961 sehr deutlich: »Vorurteil nennt ursprünglich einen harmlosen Tatbestand. In alten Zeiten war es das auf frühere Erfahrung und Entscheidung begründete Urteil, praejudicum. Später hat die Metaphysik, Descartes, Leibniz zumal, eingeborene Wahrheiten, Vorurteile im strengsten Sinne, zur höchsten philosophischen Wahrheit erklärt.«[37] Und er schreibt deutlich: »Ohne die Maschinerie der Vorurteile könnte einer nicht über die Straße gehen, geschweige denn einen Kunden bedienen.«[38]

In den Folgejahren verengte sich die Sichtweise auf das Vorurteil nahezu vollständig. Im Fokus, vor allem im wissenschaftlichen Diskurs, stand monolithisch das »böse Vorurteil«, für dessen Bekämpfung seit Generationen nicht nur Kampagnen, sondern auch Beauftragte auf Basis politischer Programme geschaffen wurden und werden. Das Vorurteil selbst wurde zu einem »Glaubensobjekt«, das am besten vollständig aus dem gesellschaftlichen Zusammenleben zu tilgen wäre. Das Vorurteil, noch eher der »Kampf gegen Vorurteile«, entwickelte sich zu einem Objekt dumpf glühender Wut, das an der Oberfläche Wohlwollen, Zustimmung und soziale Attraktivität entfalten könnte: Wer um Himmels willen ist schon für Vorurteile? Wer würde von sich behaupten, dass er gerne Vorurteile hat – noch dazu, wenn Vorurteile nur das Böse und Unreflektierte im Menschen bespielten? Klar ist aber auch, dass eben diese gefällige Reduktion auf das »böse Vorurteil« den Blick auf die Lebensrealität ausschließt.

Im Sinne einer politischen Agenda war die Fokussierung auf das negative Vorurteil aber (ob bewusst oder unbewusst eingesetzt) enorm hilfreich: Vorurteile haben immer nur die anderen. Erst dieser kleine Kniff ermöglichte, dass positive Vorurteile eben keine Vorurteile mehr sind, sondern Realitäten ... im wirtschaftlichen Kontext sind diese positiven Vorurteile jedoch von entscheidender Bedeutung. Denn die Tatsache, dass wir bestimmten Produkten bestimmte Attribute zubilligen – gute wie schlechte – ist eine Folge der Informationsmuster- und Erwartungsbildung, die uns Sicherheit geben, die gefühlt adäquate Entscheidung zu treffen. Man stelle sich den Gang in den Supermarkt vor, ohne eine Ahnung oder gar Kenntnis von den Produkten zu haben, die dort in den Regalen stehen. Wer jemals in China vor einem Supermarktregal stand, kennt das Gefühl absoluter Verunsicherung und Unkenntnis ... Ohne Vorurteile wären wir stundenlang damit beschäftigt herauszufinden, in was wir unser hart verdientes Geld investieren sollten. Marken werden zu Pseudo-Personen, zu Hyperorganismen, denen wir Charaktereigenschaften zubilligen wie Menschen aus Fleisch und Blut.

Der israelische Historiker Yuval Harari hat diese Pseudo-Personen, mit denen wir tagtäglich leben und die unsere Handlungen strukturieren, prägnant zusammengefasst: »Jede großangelegte menschliche Unternehmung – angefangen von einem archaischen Stamm über eine antike Stadt bis zu einer mittelalterlichen Kirche oder einem modernen Staat – ist fest in gemeinsame Geschichten verwurzelt, die nur in den Köpfen der Menschen existieren. [...] Diese Dinge existieren jedoch nur in den Geschichten, die wir Menschen erfinden und einander erzählen. Götter, Nationen, Geld, Menschenrechte und Gesetze gibt es gar nicht – sie existieren nur in unserer kollektiven Vorstellungswelt.«[39] Niemand von uns hat jemals Hamburg getroffen oder der Lufthansa die Hand geschüttelt – auch ein Treffen mit Italien wird schwierig, und doch bewegen wir uns mit und in diesen »sozialen Lebewesen« vollkommen natürlich, obwohl sie, wie Harari betont, eben nur in unserer Fantasie existieren, und wir einzelne Aspekte, Erfahrungen und Erlebnisse zu einem Ganzen, einer Gestalt gedankenlos zusammenfügen. Es ist eine Art gedanklicher Kredit, eine soziale Referenz, der wir einen »guten« Namen entgegenbringen. Mit allen Unschärfen und Unwissenheiten, die uns als Nichtexperten, die wir in den meisten Fällen des Lebens sind, ausmachen.

Wie entstehen diese Erwartungsmuster? Sie sind das Ergebnis von Handlungen und Leistungen, die über die Zeit in einer bestimmten, typischen Weise erbracht werden. So wie wir Menschen relativ schnell bestimmte Charaktermerkmale aufgrund ihres Handelns zusprechen (»Der Mensch ist besonders freundlich.« oder »Dieser Mensch ist eitel.«), so verankern auch Unternehmen und Parteien eben genau diese Erfahrungen in übergreifender Weise – manchmal über Generationen und Kulturen hinweg. Die SPD setzt sich für »kleinen Leute« ein, die Grünen sind für Umweltschutz ... bei VW erwarten wird vernünftige Autos zu einem reellen Preis, bei BMW erwarten wir eher sportliche, hochpreisige

2. Kapitel

Autos. Dass VW inzwischen auch ebenso teure Autos baut wie BMW oder Mercedes, verdeutlicht das übergreifende Drama dieser Marke: Ein Unternehmen, das sich selbst Volkswagen nennt, baut Autos, die selbst für Durchschnittsverdiener nicht mehr zu bezahlen sind (von Luxusautos unter dem Namen Phaeton ganz zu schweigen). Kurzfristig und international mag dies zwar für die neuen Märkte Asiens eine lukrative Strategie sein, da dort alles »Made in Germany« den Preis in die Höhe treibt und bezahlt wird (inzwischen aber nicht mehr so sicher), aber in den stabilen Heimatmarkt führt eben diese Strategie dazu, dass man seine Marke irgendwann nicht mehr »wiedererkennt«. Untrügliches Zeichen für diesen Prozess ist, wenn Menschen irgendwann sagen: »Die sind auch nicht mehr, was sie mal waren.« In diesen Momenten haben Marken ihre eigentliche Spezifik aufgrund kurzfristiger Anpassungen und Opportunitäten aufgegeben. VW kämpft nun seit einigen Jahren darum, das Geschäftsmodell zur Elektromobilität zu transformieren und baut designte »Dernier Cri«-Bullies (VW ID. Buzz) für die Erbengeneration. Das Problem: Im Gegensatz zum Urbulli der 1960er- und 1970er-Jahre hat dieses Auto außer seiner werblichen Reminiszenz an die vergangene Zeit nichts mehr mit seinen Vorgängern zu tun. Mit einem Preis von 65 000 Euro kann sich kaum noch ein Mensch dieses Auto leisten. Eigentlich wäre die Aufgabe der Marke relativ einfach: das Elektroauto zu demokratisieren. Elektroautos leistbar für möglichst viele Menschen zu machen ... Denn Marken sind irgendwann zugleich »Opfer« und »Nutznießer« ihrer Vorurteile. So, wie es uns schwerfällt, einem Menschen wirklich zu glauben, er könne seinen Charakter verändern, so ist es so gut wie unmöglich, dass ein Unternehmen, ganz plötzlich, mit ein »bisschen Werbung« und PR über die Jahre die kollektiven Vorurteile umpolt.

Bedeutet dies, Marken wären nicht veränderbar, vielleicht sogar, dass sie sich nicht verändern dürften? Auf keinen Fall.

Eine Partei oder ein Unternehmen, welches sich nicht den innovierenden gesellschaftlichen, sozialen oder technischen Gegebenheiten anpasst, ist schnell am Ende oder degeneriert zum Retro-Produkt für einen überschaubaren Nischenmarkt. Jedoch: Marken dürfen nicht zum Spielball von Märkten und Trends werden. Ganz im Gegensatz zu trivialen Systemen, beispielsweise einer Maschine, sind Marken »lebende Systeme«. Eine Maschine zeichnet sich dadurch aus, dass sie eine genaue Funktion erfüllt und ein findiger Ingenieur die Aufgabe hat, durch den Einsatz unterschiedlicher Teile einen Aufbau sicherzustellen, der die Aufgabe löst. Dieser Aufbau ist im besten Fall ein isoliertes System, da ansonsten keine Steuerung möglich ist. Bauteil für Bauteil greifen ineinander und schaffen auf diese Art klare und systematisierte Abläufe. Jedoch: Die Welt besteht in sehr wenigen Bereichen aus isolierten und klar ineinandergreifenden Bauteilen. Unser gesamtes soziales Leben findet innerhalb von »lebenden Systemen« statt. Lebende Systeme bezeichnet Einheiten, die von einer unüberschaubaren Anzahl an Faktoren beeinflusst werden. Eine Familie ist beispielsweise ein »lebendes System«. Wir versuchen (und hoffentlich gelingt es ...), den Alltag in bestimmten Bahnen zu planen: Urlaube, Ausflüge, Aufgaben, Feste und Hobbies – in der Regel können sich dann alle Mitglieder auf einen reibungslosen Ablauf verlassen. Aber eine Familie unterliegt mannigfaltigen Impulsen »von außen« ... eine Erkältung führt zu unlösbaren organisatorischen Herausforderungen für Mutter und Vater, ein Wasserrohrbruch legt unsere Planungen für den teuren Urlaub auf Eis, eine Beförderung führt zu einem Umzug – nur einige Paradebeispiele, die verdeutlichen, dass in lebenden Systemen die Zukunft allenfalls grosso modo planbar ist. Vor Kurzem hat ein winziges Virus die gesamten Weltplanungen in Luft aufgelöst.... Dennoch versuchen wir, unsere Prioritäten und Ziele idealtypisch zu verwirklichen, indem sich (unser) System immer wieder neu justiert und in typischer Weise

2. Kapitel

anpasst: und so irgendwie typisch Familie Meier, Müller oder Özdemir bleibt. Lebende Systeme sind Völker, Staaten, Unternehmen, Marken – überall dort, wo Menschen sich zu Bündnissen vereinen, entstehen Einheiten, deren Entwicklung nicht statistisch verläuft. Die Frage ist: Inwieweit sind diese Systeme, diese lebenden Einheiten, in der Lage, trotz ihrer Anpassungsfähigkeit sich selbst treu zu bleiben, um erkennbar zu werden? Diese Fähigkeit zur Anpassung wird als »Selbstähnlichkeit« bezeichnet. Die Vorstellung von selbstähnlichen Systemen stammt ursprünglich aus der Biologie. Blätter an einem Baum sind selbstähnlich. Denn an einem Baum wird man niemals zwei identische Blätter finden, je nachdem, welche Umwelteinflüsse auf Knospe und Blatt eingewirkt haben, oder wo ihr Platz am Baum war, unterscheiden sich sämtliche Blätter einer Eiche voneinander, und doch ist jedes Blatt als Eichenblatt erkennbar. Auch hat die Eiche als Art unterschiedliche Ausprägungen entwickelt, je nachdem, in welchem Teil der Erde sie sich befindet. Im Kern ist sie jedoch stets als Eiche erkennbar. Die Marke McDonalds ist in 120 Ländern vertreten. Zum Verdruss aller engagierten Eltern würde man den Besuch dieses Schnellrestaurants selbst bei geschlossenen Augen durch Duft und akustische Kulisse sehr schnell erkennen – egal, ob das Geschäft in Hamburg, Dallas, Tel Aviv oder Jakarta steht. Und doch ist jeder Standort typisch und kann sich an der Spanischen Treppe in Rom oder der Autobahnabfahrt Bremen-Stuhr befinden. Auch ist die Speisekarte nicht global gleich, sondern bei McDonalds auf den Philippinen können sie sogar Spaghetti essen, während sie in Dehli herzhaft in den Maharaja Mac beißen dürfen. 80 % gleich und 20 % individuell oder 80 % wiederholend und 20 % innovativ – die Pareto-Mischquote jedes lebenden Systems. Alles ein wenig anders, selbstähnlich angepasst, aber dennoch typisch. Parteien haben sich im Laufe ihrer Geschichte immer wieder angepasst: Teilweise mit massiven Konsequenzen auf das Wahlverhalten, und doch muss es der Anspruch sein, dass die entscheidenden Erwartungen an eine Partei immer erkennbar bleiben. Man beachte nur, wie viele Jahre die SPD benötigte, um den Hartz-IV-Schock abzulegen, weil man eine Kernerwartung an diese Marke »der kleinen Leute« (unabhängig von nachvollziehbaren Begründungen) erschüttert hatte. Ein Grundgesetz der Evolutionsbiologie ist, dass alle lebenden Systeme daran ausgerichtet sind, ihr Überleben zu sichern. Selbstähnlichkeit stellt diesen Anspruch sicher. Hätte sich die Eiche im Laufe der Erdgeschichte nicht angepasst oder irgendwann beschlossen, zu einer Birke zu werden, wäre sie verschwunden. Auch die CDU hat wenig mit der CDU der 1950er-Jahre gemein. Und doch kennzeichnet erfolgreiche Systeme, dass sie auch in der verändernden Anpassung weiterhin »typisch« bleiben.

Auch soziale Systeme tendieren dazu, ihre Spezifik zu sichern, um als soziale Einheiten bestehen zu bleiben. Das reicht von einer Familie über einen Verein oder einen Staat oder eben eine Marke. Marken werden zu Marken, weil sie bestimmte Inhalte markieren, also für bestimmte Leistungen stehen – ganz unabhängig von ihrer Aufgabe oder Funktion. Auch das Lieblingsrestaurant kann eine Marke sein, wenn wir damit bestimmte Vorstellungen verbinden, die von einer größeren Anzahl Menschen ähnlich geteilt werden. Der Sinn einer Marke muss also allgemein gültig sein. Individuell wahrgenommen Eigenschaften tragen keine Marken. Klar ist aber auch: Ein schickes Logo, ein schmissiger Name und eine Eintragung beim Markenamt ergeben mitnichten eine Marke, denn in den Köpfen der Menschen sind noch keine Vorstellungsbilder, Erwartungen, oder – wie beschrieben – positive Vorurteile entstanden. Sie sind stets das Ergebnis eines sozialen Prozesses: Marken können nicht gemacht werden – sie sind die Wirkung bestimmter Leistungen, die sich unter einem Namen abspielen und schließlich zu einem »Handlungsmuster« verdichten.

2. Kapitel

Damit stellt sich eine wichtige Frage: Sind Wirtschaftsunternehmen und Parteien markensoziologisch betrachtet »das Gleiche«? Handelt es sich in beiden Fällen um Marken? Unternehmensmarken sind Begrifflichkeiten »des Anderen«, also einer Ideenwelt, von der sich die Politik und ihre Institutionen bisher bewusst abheben wollten. Politisch Engagierte kann das Thema »Marke Partei« irritieren oder bei ihnen ein diffuses Unbehagen auslösen. Denn wer Politik ernst nimmt, der kann nicht die identischen Parameter einer Zweckorientierung für die Schaffung des Gemeinwohls ansetzen wie für Hygieneartikel, Genussmittel und Spielwaren. Dieser Zweifel ist nachvollziehbar, aber in einer wissenschaftlich fundierten Betrachtung geht es darum, die strukturellen Überschneidungen von Unternehmensmarken und politischen Parteien zu erkennen. Wenn Marken im Kern »positive Vorurteile« sind, also kollektiv verankerte Erwartungshaltungen, dann sind Parteien ebenfalls Marken, genau wie die Kirche, ein Sportler oder ein Verein. Starke Marken bedingen, dass viele Menschen ihnen ähnliche Inhalte und Aktivitäten zusprechen – im besten Fall seit Generationen.

Zurückblickend auf die Eingangsgedanken über Funktion und Auftrag von Werbung wird deutlich, was die Aufgabe einer guten Werbung sein sollte: Sie sollte unsere positiven Vorurteile hinsichtlich eines Namens weiter ausbauen und vertiefen. Im Kern ist ein Werbe- und Kommunikationsprofi ein Vorurteilsverdichter. Er stärkt in Zeiten, in denen Werbung aufgrund der vielen Kanäle und Segmentierungen immer weniger wahrgenommen wird, die Vorurteilsspuren (die älteren Leser mögen sich noch an Zeiten erinnern, in denen das Werbefernsehen auf lediglich zwei Programmen zu festen Sendezeiten ausstrahlte, was erklärt, dass man sich an alte Werbespots und Slogans bis heute noch in einem bedeutenden Maße erinnert, und beispielsweise die Allianz-Versicherung vor einiger Zeit ihre alten Werbespots der 1980er-Jahre im Original reaktivierte). Er stärkt die Stärken.

Nicht, indem immer das Gleiche erzählt wird, sondern, indem die Hauptleistungen des Unternehmens, seine Kerninhalte, zeitgemäß, aber typisch – selbstähnlich – immer wieder interpretiert und verdeutlicht werden.

Kreativität bedeutet Grenzfüllung statt Grenzsprengung

Unsere bestehenden Vorurteile unterstützen oder hemmen sämtliche Überzeugungsstrategien, die unternommen werden, um eine Leistung zu verankern. Das Vorurteil liefert uns inhaltlich aus, aber es schützt auch, sofern man dem launischen Zeitgeist, dem immer schneller werdenden Hin und Her der Moden und der »Must haves« im Kommunikationsgewitter entkommen möchte. Denn Vorurteile sind (leider und zum Glück) nicht zu löschen. Vor diesem Hintergrund macht langfristige und resonanzorientierte Kommunikation aus, dass sie nicht kreative Grenzen sprengt, sondern ausfüllt. In Zeiten, in denen es vor allem um die Verwirklichung des Selbst, um Motivation oder Attraktion im Sinne der Selbstwirksamkeit geht, ein äußerst herausfordernder Gedanke – gerade und vor allem für die »kreative Klasse«. Resonanz zu schaffen, hat in erster Linie also nicht etwas mit überbordender Kreativität zu tun – dies ist die Rolle der bildenden Kunst –, sondern mit Analyse des Bestehenden und kreativer Demut. Demut ist wahrscheinlich etwas, das in Werbe- und PR-Agenturen (aber nicht nur dort) eher seltener anzutreffen ist: Demut setzt voraus, sich mit dem bereits »Dagewesenem« zu beschäftigen und zu realisieren, dass wir stets auf den Schultern derer stehen, die bereits »dagewesen« sind. Der Fundamentalphilosoph Arnold Schwarzenegger beschrieb dies sehr viel eingängiger: »Es gibt keine Abkürzungen. Es gibt nur Wiederholungen, Wiederholungen, Wiederholungen.«

2. Kapitel

Was macht das Wesen der »kreativen Klasse« aus? Wahrscheinlich gibt es kaum einen Bereich der Dienstleistungswirtschaft, in dem so viele junge und ambitionierte Menschen zusammenkommen. Die Hintergründe sind vielfältig, aber sie haben in hohem Maße mit der Entwicklung der Werbebranche selbst zu tun: Denn es ist deutlich geworden, dass Werbung über lange Zeit das Stigma der Unlauterkeit, des Blendens und der Oberflächlichkeit anhaftete (und für viele Menschen so auch weiterhin besteht). Der französische Journalist und Werber Jacques Séguéla schrieb treffend: »Erzähl meiner Mutter nicht, dass ich in der Werbung arbeite – Sie glaubt, ich sei Pianist in einem Bordell.« Und doch ist die Werbung gleichzeitig für viele Menschen ein Sehnsuchtsort: Hier lassen sich in der Idealvorstellung Erkenntnisse der Sozialwissenschaften, der Kunst und der Ökonomie sinnvoll und kreativ miteinander verknüpfen – all dies, während der ästhetische »Puls der Zeit« in diesem schöpferischen Mikrokosmos präsent und relevant zu sein scheint. Gerne wird gefeiert, wenn bekannte Künstler wie Ai Weiwei oder Blixa Bargeld für Hornbach werben oder Michail Gorbatschow, Bono von U2 oder auch Francis Ford Coppola als Werbebotschafter für Luxus-Koffer auftreten. Mitnichten geht es um Absatz und Verkauf.

Sofern dies die rationalen Faktoren der Anziehungskraft der Branche für angehende Werber- und Kommunikationsprofis sind, so spielen auch unterschwellige psychologische Faktoren in Hinblick auf die soziodemografische Zusammensetzung der Werbeprofis eine gewichtige Rolle. Keine Frage: Hier arbeiten (vor allem) junge, teils geistig brillante Menschen, die ihre Kreativität in Wort und Bild umsetzen können. Mit der Digitalisierung kommt hinzu, dass die massive Umwidmung der Werbeausgabe von analogen Kanälen (Zeitungen, Plakate oder Fernsehen) zu digitalen Kanälen Lösungen und Strategien benötigt, denen die »Digital Natives« viel eher und »natürlicher« zugetan sind. Sofern es gelingt, nach einer Lehrzeit mit (sehr) knappen Löhnen aufzusteigen, so lässt sich hier relativ gut verdienen und die Attribute einer erfolgreichen und äußerst »wichtigen« Karriere mit Flügen, Meetings und Mallorca-Team-Weekends gemeinschaftlich erleben.

Der eigentliche Anziehungspunkt ist eher ungesagt: Gerade für junge Menschen ist die Tatsache, dass die eigenen Ideen eine wahrnehmbare Öffentlichkeitswirkung haben, äußerst wichtig. Das eigene Tun wird gesehen. In einer Welt, die immer mehr den Logiken der »Generation Selfie« folgt, das Selbst in den Mittelpunkt aller Aktivitäten rückt und sich für omnipotent und federführend hält, ist diese Aussicht viel anziehender als so mancher monetäre Bonus (gerade, weil die meisten Protagonisten nicht unbedingt aus sozial prekären Umfeldern stammen). Peter Zernisch, ein Altmeister der deutschen Werbung, schrieb bereits 2003 nach fast vier Jahrzehnten Arbeit in der Branche: »Beifall stimuliert ja seit jeher die Träume der kreativen Talente noch mehr als Geld. Bleiben die Kreativen im Dienst der Marke zwar außerhalb der engsten Fachöffentlichkeit auch anonym, so erstrahlen ihre Werke doch viel weiter sichtbar als in den Märkten der etablierten Künste. Der Ruhm ihrer Werke befriedigt die Unberühmten wenigstens so lange, wie sie noch im Aufbruch sind, also jung.«[40]

Der erfahrene Zernisch bringt die Atmosphäre und das Lebensgefühl der kreativen Elite auf den Punkt, und ich selbst erinnere mich an viele Abende im ersten Job, nachdem nicht nur Freunde und Familie das neuste Plakat (nennt sich heute »Out-of-Home-Werbung) oder den (nahezu) fertigen (»streng geheimen«) Werbespot wieder und wieder sehen mussten und man den eigenen Beitrag an der zündenden Idee nebenbei Eltern und Freuden, etwas geziemt, aber durchaus absichtsvoll hervorhob. In Freizeit oder Urlaub, immer dort, wo es zu neuen Bekanntschaften kam, war die Aussage nicht nur, man arbeite »in der Werbung«, sondern man arbeite

»auf« so tollen Marken wie x, y oder z. »Auf« gibt bereits das fundamentale Dilemma des heutigen Werbeverständnisses preis: Wer nur »auf« einer Marke arbeitet, versteht nicht ihre eigenständige Logik, ihre Geschichte und ihre besonderen Leistungen, sondern nimmt nur Oberfläche und Wirkungen wahr. Wer nur »auf« etwas arbeitet, versteht weder Gründe noch Wesentlichkeiten.

Die Inszenierung des Ichs ist eine Frage generationellen Lebensgefühls: Bereits 2009 hatten die amerikanischen Psychologen Jean M. Twenge und W. Keith Campbell in ihrem Buch »The Narcissism Epidemic« verdeutlicht, dass Narzissmus als psychologischer Sachverhalt in einer Langzeitstudie kontinuierlich, aber beschleunigt zunimmt – mit äußerst destruktiven Folgen nicht nur für einzelne Menschen, sondern auch für das gemeinschaftliche Zusammenleben. Sie zeichnen in ihrem Buch eine profunde Entwicklungslinie des Narzissmus auf die Selbstwahrnehmung der Menschen von seinen globalen Treibern in Form von Youtube oder anderen digitalen sozialen Netzwerken hin zu ihrer Verstärkung durch Marketing- und Vertriebs-Strategien auf allen Ebenen des Lebens. Die Autoren stellen den überraschenden Ausgangspunkt ihrer Überlegungen klar: »Eine Studie verglich mehr als 11 000 Jugendliche im Alter von 14 bis 16 Jahren, die einen langen Fragebogen ausfüllten. Die größte Veränderung im Laufe der Zeit war die Aussage ›Ich bin eine wichtige Person‹. In den 1950er-Jahren stimmten nur 12 % der Jugendlichen dieser Aussage zu, aber in den späten 1980er-Jahren sagten mehr als 80 % der Mädchen und 77 % der Jungen, sie seien wichtig.«[41]

Die Psychologen dokumentieren die zunehmende Rolle der »Selbstbewunderung« (»Self Admiration«), die seit den 1970er-Jahren massiv zunimmt und schließlich auch strategischer Ausgangspunkt durchdachter Marketing-Strategien wurde, soweit, dass die Auswahl eines eigenen Klingeltons, die individuellen Müsli-Zusammenstellung bis hin zur Individualisierung von Märchenbüchern auf den Namen und das Aussehen der kindlichen Leser eine kaum noch irritierende Realität geworden ist. Twenge und Campbell halten fest: »Fast jede größere Marketingkampagne zielt heutzutage darauf ab, ›Dich‹ zu stärken.«[42] Die Psychologen beschreiben die desaströsen Auswirkungen auf die Psyche (vor allem) junger Menschen und hoffen in ihrem Plädoyer auf nichts weniger als: »Wir hoffen, dass es nicht zu einer solch dramatischen, durch Narzissmus verursachten Krise kommt. Um unserer Kinder willen hoffen wir, dass wir uns irren. Wir hoffen, dass die Menschen ihre narzisstische Ausrichtung ändern werden, ohne dass es zu einem großen Zusammenbruch kommt, und wünschen uns eine schnelle Erholung, falls es zu einem Zusammenbruch kommt. In ein paar Jahren würden wir gerne ein Buch mit dem Titel ›Der Rückzug des Narzissmus und die Wiedergeburt Amerikas‹ schreiben.«[43] Und die Werbebranche? Eine Studie zur Selbstwahrnehmung von Kommunikationsprofis fördert zutage, dass 62 % der Menschen dieser Berufsgruppe auf einer sogenannten »Narzissmus-Skala« über dem Durchschnitt liegen.[44]

Ein weiterer Aspekt der Realitäten in der Werbe- und Kommunikationsbranche: Es gibt viele Gründe, warum man in den Reihen der Kommunikationsprofis so gut wie keine alten Menschen findet. Ein entscheidender ist, dass irgendwann der »anonyme Ruhm« nicht den inzwischen exorbitant teuer gewordenen Kredit für das Häuschen im Lastfahrradgürtel deutscher Metropolen finanzieren kann. Agenturen haben gelernt, das junge Durchschnittsalter ihre Mitarbeiter als etwas förderliches hervorzuheben: Nur zu oft wird darüber lamentiert, dass ein Unternehmen mit »seinen Kunden sterben« würde, dass »die Kunden zu alt« seien und ohnehin nur noch »Rentner« die Marke kauften. Alles eine Frage der Zeit, bis schließlich das Licht ausgehen würde, daher seien junge Mitarbeiter eine gute Strategie, dem »Scheintod« zu entgehen. Nichts schockiert heute viele Geschäftsführer und vor allem Marketingverantwortliche mehr als die Aussage, dass das Durchschnittsalter der Kunden kontinuierlich höher werden würde. Wer jemals einmal in einer Marketingabteilung gearbeitet hat, hört diese Auffassungen immer und immer wieder. Unternehmen und zunehmend auch politische Akteure sind traumatisiert, wenn es um die Gefahr geht, nicht vornehmlich für junge Menschen attraktiv zu sein. Aber sind Jugend und Geburtsdatum ein Verdienst? Garantiert die Jugend eine größere Wertschöpfungssicherheit oder Resonanz als ältere oder gar alte Menschen? Die eloquenten junge Generationen-Berater können sich vor Key-Note-Anfragen gar nicht mehr retten, in denen sie verdienten CEOs und B- und C-Level-Verantwortlichen erklären, dass jetzt alles anders wird ... und schließlich eine Honorarnote über 5000 Euro verschicken. Derweil hat die Marketingabteilung essentielles zur »Verjüngung« angestoßen.

Ein Blick zurück in die Entwicklung von Marketinglogiken: Die Orientierung, wenn nicht sogar die Anbiederung an »junge Zielgruppen« ist eng verknüpft mit den Dynamiken eines Zeitgeistes, in dem die digitalen Entwicklungen das vorhandene konkrete Wissen und bestehende Erfahrungen in Beruf und Alltag älterer Generationen immer schneller zu ersetzen meinen. Was nützt Erfahrung, wenn Herstellungsmethoden und Verkaufsinstrumente nicht mehr über Jahrzehnte bestehen bleiben, sondern innerhalb von drei bis vier Jahren ausgetauscht und (vermeintlich) optimiert werden. Was sind die Erfahrungen eines altgedienten Tischlers, Vertriebschefs oder auch Grafikers wert, wenn ohnehin alles digital erdacht, geplant und umgesetzt wird. Der »Wert des Wissens« geht auf null zurück, wenn dieses Wissen kaum noch praktische Relevanz hat. Daraus entsteht ein Zeitgeist, der die Erfahrungen der »Alten« nicht mehr zu benötigen glaubt. Damit schwindet der Wert all dessen, was als alt und althergebracht stigmatisiert wird. Einzig und allein Dinge des Konsums dürfen für sich beanspruchen, »alt« oder besser

»Vintage« zu sein, da zwar die moderne Warenwelt nahezu sämtliche individuellen Wünsche realisieren kann – bis auf einen: Alter. Deshalb kaufen wir uns Möbel in »Antik-Optik« oder bestens funktionierende automobile Oldtimer. Und müssen noch nicht einmal warten ... Wir kaufen Patina, Erfahrung und vor allem Zeit. Das ist uns viel Geld wert. Denn wenn diese Epoche vor dem Hintergrund des »Just-in-Time-Produktionsketten« eine Unfähigkeit auszeichnet, dann die zur Geduld.

3. Kapitel

... und sich an allem orientiert, was jung, unangepasst und aufmerksamkeitsstark ist ...

Jugendwahn in allen Bereichen

Im Kern sind die Gründe für die Orientierung an der Jugend, also einem veritablen Jugendwahn, profan. Denn es liegt auf der Hand, dass Menschen ab einem bestimmten Alter in Verhalten und Entscheidungen eher Gewohnheiten denn Innovationen zuneigen. Man muss nicht auf empirische Studien verweisen, um diesen Effekt zu beobachten: Als Kinder machen wir tagtäglich neue Erfahrungen und lernen aus ihnen (»Auf Herdplatten fassen, führt zu Schmerzen ...«), als Jugendliche probieren wir uns in Leben und Liebe aus und kommen (hoffentlich früher denn später und manchmal mehrfach) zu dem Schritt, an dem wir wissen, was und wer uns guttut – manchmal sogar ein Leben lang. Als reifer Erwachsener verläuft unser Leben in (stetig langweiligeren) Bahnen (zumindest bis zur Midlife-Crisis und danach erneut), aber eine gewisse Ordnung und Stabilität macht ein funktionierendes Leben zwischen Familie, Arbeit, Freizeit überhaupt erst möglich – irgendwann sind die Rucksackreisen, die einen durch den burmesischen Dschungel führten, für die meisten Menschen doch eher anstrengend als erholsam, sodass es dann doch die altbekannte Ferienhütte an der dänischen Südsee, die gut geplante Wandertour über den Apennin oder einfach einmal 10 Tage All-inclusive am Roten Meer »mit wirklicher guter Kulinarik« werden.

Ein äußerst frappierendes Schlaglicht auf die verbreiteten Gewohnheiten der Menschen sei erlaubt: In einer Studie haben die Tourismusforscher Pietro Beritelli und Christian Laesser in diesem Zuge herausgefunden, wie »beständig« und »konsumträge« Menschen die Wahl ihres Urlaubsortes treffen. Die beiden Schweizer Wissenschaftler befragten über

300 Menschen hinsichtlich der Entscheidungstreiber für einen Urlaubsort. Es stellte sich heraus, dass das Gros der Menschen, circa 90 %, die Entscheidungen auf Basis von Auslösern aus dem engen sozialen Umfeld (Familie, Freunde) oder einer Zweitwohnung (von Familie oder Bekannten) treffen. Beritelli und Laesser schreiben: »Die Inspiration und der Wunsch, ganz bestimmte Destinationen zu besuchen, stehen hierbei in starkem Gegensatz zu der Tatsache, dass wir am Ende dort hingehen, wo wir schon einmal gewesen sind und womit unsere Mitreisenden oft einverstanden sind. [...] Wir träumen unser Leben lang, Orte und Länder zu besuchen und werden wohl bei vielen damit rechnen müssen, dass wir sie nie besucht haben werden.«[45]

Ausgangspunkt der Untersuchung war die oft zugrunde liegende These, dass Menschen in ihrem Urlaub – also der einzigen selbstbestimmten Zeit des Jahres – vor allem das »Neue und Unbekannte« wagen und kennenlernen wollen. Diese Ansicht führt innerhalb der Tourismusbranche zu dem interessanten Phänomen, dass viele Reiseanbieter oder Regionen auf das Thema »Inspiration« und »Entdecken« setzen. Ziel ist die breite Vermittlung einer Botschaft, die aussagt: »Hier lässt sich viel Neues erleben.« Jedoch sind die individuelle Vorstellung von Innovation (»Ich will etwas Neues erleben!«) und ihre tatsächliche Verwirklichungsattraktivität (»Ich kenne mich da gar nicht aus ...«) in Wirklichkeit etwas vollständig anderes. Die Situation ist bekannt: In unserer Fantasie stellen wir uns Ereignisse oder Situationen vor, die eintreten. Bei einem ausgedehnten Spaziergang durch das fein gewachsene Gehölz in der Nachbarschaft grüßen wir nicht nur unsere Anrainer, sondern beginnen unsere Sätze mit »Eigentlich sollten wir mal ...« oder »Warum machen wir eigentlich nicht ...« – in den seltensten Fällen setzen wir die dort geäußerten Ideen und Projekte wirklich um. Das Zweitstudium der Philosophie bleibt dann doch eher eine Vorstellung denn Wille, der Kauf des Ferienhauses an der Mecklenburger Seenplatte eine schöne Möglichkeit, ebenso wie das Klavierspielen, was man ja eigentlich schon immer lernen wollte, der Italienisch-Kurs oder mehr Sport ... Das Leben ist angefüllt mit unzähligen Möglichkeiten, die wir zwar andenken, aber – leider oder zum Glück – Fantasien sein lassen. Nicht immer, aber oft, sehr oft. In der klassischen Psychologie sind diese Möglichkeits-Fantasien bekannt und finden in unserem Leben fast durchgängig Anwendung. Sie sind eine harmlose und gleichzeitig enorm wirksame Strategie, um unsere Sehnsüchte und Wünsche so zu realisieren, dass sie nicht sprunghaft unser strukturiertes Leben übernehmen, uns also in Gefahr bringen, erfolgreiche, d. h. tragende Lebensstrukturen impulsiv abzubrechen. Indem wir an das »schöne Ferienhaus in Mecklenburg« denken oder aber unser zukünftiges Leben, in dem wir allabendlich die Mondscheinsonate am Flügel gedankenverloren und sensibel intonieren. Wenn wir uns dies lebhaft in unseren Gedanken ausmalen, ist diese Sehnsucht bereits in weiten Teilen realisiert. Meist sogar so weit, dass wir es gar nicht mehr für nötig befinden, zur Umsetzung zu schreiten. Auf diese Weise gehen wir konstruktiv mit den psychologischen Energien um, die unsere Wünsche und Träume vorgeben.

Die üblichen Überlegungen innerhalb einer Werbeagentur unterliegen einer anderen Logik. Es wird vermutet, wenn nicht sogar unterstellt, dass das Neue, Besondere und Unerwartete eine Faszination und Anziehung auf alle Menschen hat. Deswegen wird vor allem mit Menschen zusammengearbeitet, die offener und gedanklich ungebundener sind: junge Damen und Herren mit meist akademisiertem Hintergrund. Die oft geforderte Diversität umfasst zwar (zurecht) die gut sichtbaren Aspekte von Hautfarbe und geografischer Herkunft, hört jedoch schlagartig und konsequent bei Alter und sozialer Herkunft auf. So bemerkte das im asiatischen Wirtschaftsraum renommierte Branchenmagazin *Campaign* unumwunden: »Obwohl sie in der Bevölkerung die Mehrheit stellen, scheitert die Werbeindustrie oft daran, die ›working class‹ zu repräsentieren. Und wenn die Werbung Menschen aus der ›working class‹ darstellt, dann arbeitet sie mit althergebrachten Stereotypen. Dagegen ist die Werbeindustrie besessen, die 18- bis 34-jährige Mittelklasse anzusprechen. Im Ergebnis wird die Unterschiedlichkeit der Milieus ignoriert und auf die eigenständige Demografie der Werbeindustrie übertragen.«[46] Immer wieder bringen CEOs großer Werbeagenturnetzwerke vor, dass es die Aufgabe von großen Marken sei, aufgrund ihrer Einflussmöglichkeit neue Diskussionen anzuregen, Gewohnheiten zu beeinflussen, Aktivismus zu befördern und die Kultur zum »Guten« zu ändern. Die unterschwellig mitschwingende Aussage ist die, dass die Kultur verändert werden muss – und es an »Adland« (also den Werbern) läge, die Unverbesserlichen zwischen den Metropolen dieser Republik dazu zu bringen, die Fehler ihrer traditionellen und altbackenen Lebensweise zu erkennen.

Kommunikation und Werbung wurden durch den Mythos der Jugendlichkeit gehighjacked: Einer Jugend, die von einer Welt geprägt ist, die – ohne dies als Variante eines gruppenbezogenen Vorwurfs zu verstehen – die fundamentalen gesellschaftlichen Konflikte auf die Ebene der »Selbstverwirklichung«, des Autonomiestrebens und des Individualismus verlagert wie keine Generation zuvor. Erst demokratisierter Wohlstand und die Möglichkeiten der Industrialisierung mit Ausweitung der Produktion 2.0 (Produkte mit hohem Personalisierungsgrad) ermöglichten eine Individualisierung der Waren- und Dienstleistungswelt, die fundamentale Auswirkungen auf die Wahrnehmung der Menschen hat: Ich kaufe meine personalisierten Schuhe, mein personalisiertes Müsli, mein personalisiertes Märchenbuch ... alles wird zu »i« – nicht nur das »iPhone«. Der umfassendste Kollektivierungsprozess der Menschheitsgeschichte verläuft bei genauerer Betrachtung unter dem Diktum der Individualisierung.

Im Ergebnis steht eine Werbe- und Kommunikationsbranche, die fast ausschließlich das Ich und seine – und nur seine – Identität inszeniert, und die Waren- und Ideenwelt als unverzichtbares Vehikel benutzt. Auf den ersten Blick allerdings kaum zu erkennen ist, dass dieses »Ich« sich geschickt hinter der Vorstellung einer Gemeinschaft versteckt, deren Glauben und Visionen eine universelle Harmonie thematisiert. Einer Gemeinschaft, die harmonisch ist, weil sie den Widerspruch aufgehoben hat, indem sie nicht argumentiert, sondern sich eines Gebietes bemächtigt, das jeden (mit-)fühlenden Menschen zur Unterstützung verpflichtet. Jedes noch so profane Produkt wird schließlich zu einem Akt der überschätzten Selbstwirksamkeit. Zwar kennzeichnet Produkte stets ein symbolischer Gehalt (frei nach Watzlawick: »Produkte können nicht nicht kommunizieren.«), aber dass diese Einordnung die gesamte zukünftige Welt- und Menschheitsgeschichte umfasst, ist eine neue Facette des Kapitalismus (und verdeutlicht nur die Allmachtsphantasien unserer Epoche). Jedes Zusichnehmen einer Rhabarberschorle war früher das Bekenntnis zu einer Qualitäts- und Preisliga oder zu einer Herkunft (»Rhabarberschorle aus der Region«) oder vielleicht auch nur ein profaner Durstlöscher, weil einem Menschen Rhabarberschorle schmeckt, heute geht es um nichts weniger als die Rettung des Regenwaldes in Brasilien, den ich – ganz bequem nebenbei – fördere.

Im Winter 2023 veröffentliche das britische Branchenmagazin *Marketingweek* eine fundierte Studie zur Soziodemografie innerhalb der Werbebranche und eröffnete eine Diskussion, die nachfolgend lebhaft von Werbeprofis geführt wurde. Die entscheidende Frage: Wie »divers« ist eigentlich die Werbebranche in Bezug auf soziale Milieus und Herkünfte? In der Untersuchung ordneten sich in Großbritannien 67,4 % dem Mittelklasse-Milieu und gerade einmal 22,1 % dem klassischen »Arbeitermilieu« zu. Sind das lediglich Ergebnisse von mehr oder weniger weit entfernten und mit den Bedingungen in Deutschland, Österreich und der Schweiz schwerlich gleichzusetzenden Gesellschaften? Eine 2022 durchgeführte eigenständige kleine Studie zu den Biografien und den Lebensumständen von Werbe- und Kommunikationsprofis, die keinen Anspruch auf eine umfassende Repräsentativität hat, aber Tendenzen aufzeigt, ergab, dass von 150 Werbe- und Kommunikationsprofis in Deutschland sage und schreibe 95,3 % Abitur bzw. Fachabitur abgelegt hatten und gerade einmal 4,1 % einen Realschulabschluss (im Bundesdurchschnitt 31 %). Während 67,2 % auf einen akademischen Abschluss verweisen können (Bachelor, Master und Promotion – im Bundesdurchschnitt: 24 %), haben gerade einmal 18,1 % einen Beruf gelernt (ein kleines Detail: Werbe- und Kommunikationsprofis stammen überdurchschnittlich häufig aus Akademikerhaushalten, ca. 40 % der ihrer Eltern haben einen Studienabschluss).

Knapp 60 % aller Kommunikations- und Werbeprofis leben heute in einer Großstadt mit über 500 000 Einwohnern (im Bundesdurchschnitt 17 % der Bevölkerung). Nur noch 22 % sind Mitglied einer Glaubensgemeinschaft (im Bundesdurchschnitt ca. 50 %). 21 % sind Vegetarier (im Bundesdurchschnitt ca. 7,9 %), 2 % Veganer (im Bundesdurchschnitt 1 %).

Für die Schweiz sind die Ergebnisse ähnlich, aber doch in ihren soziodemografischen Ausprägungen spürbar ausgeglichener. Matura haben 48 % aller schweizerischen Werber, 30 % einen Sekundarschulabschluss. 23 % haben einen Beruf gelernt. 46 % wohnen in größeren Städten. 21 % sind Mitglied einer Religionsgemeinschaft. 10 % sind Vegetarier und 5 % Veganer.

Es ist nachvollziehbar, dass ein Arbeitsumfeld mit hoher kreativer Wendigkeit andere Menschen anzieht als beispielsweise eher formalisierte Berufe. Die Herausforderung bleibt aber bestehen, denn die Werbebranche macht ihre Arbeit nicht für sich und ihren überhaupt nicht repräsentativen Mikrokosmos, sondern versucht möglichst viele und verschiedene Menschen zu erreichen. Werbeagenturen befinden sich allerdings wie viele andere Arbeitsgeber stets auf der Suche nach neuen und engagierten Arbeitskräften – meist nach den oben beschriebenen (sehr) jungen Talenten mit ihren überhaupt nicht durchschnittlichen Lebenszielen und Prioritäten. 24-Jährige haben – zu Recht – andere Ziele und Wünsche als eine berufstätige Mutter zweier pubertierender Jungs oder ein verbeamteter 58-Jähriger. Um aber für junge Berufstätige »attraktiv« zu sein, fokussieren die potentiellen Arbeitgeber auf eine Ausrichtung, die bei jungen Menschen eher »en vogue« ist und das Lebensgefühl trifft.

Viel ist von der Generation Z die Rede. Dabei geht man davon aus, dass Mitglieder eines Geburtszeitraums durch ähnliche Lebens- und Umwelterfahrungen von einer übergreifenden »Zeitgenossenschaft« geprägt seien, die ihre psychischen und sozialen Dispositionen und ihr Verhalten in ähnlicher Form bedingten. Die Generation Z (zwischen 1995 und 2010 geboren) erlebt momentan eine besondere öffentliche Aufmerksamkeit. Sie gilt auch als »Internet Generation«, weil sie Zeit ihres bewussten Lebens mit dem Internet aufgewachsen ist. Neben dem vermeintlichen Charaktermerkmal der Relevanz der Selbstinszenierung würde sie vor allem Sicherheiten und Orientierungen präferieren. Eigene Bedürfnisse und Prioritäten hätten besondere Wichtigkeit. Die Befriedigung von Bedürfnissen wie Sinnhaftigkeit, Freiheit und Selbstbestimmung seien sehr stark ausgeprägt.[47]

Die Kategorisierung und damit übergreifende soziologische und psychologische Generalisierung in soziodemografische Gruppen ist innerhalb der Marketingwelt gang und gäbe. Sie soll helfen, potentielle Kunden stilistisch und thematisch adäquater und damit erfolgreicher anzusprechen. Sicherlich mag es bestimmt übergreifende Merkmale bestimmter Generationen geben, jedoch ist fragwürdig, ob die Zugehörigkeit zu einer Geburtskohorte den entscheidenden Einfluss auf die Persönlichkeit ihrer Mitglieder hat. So sind Prioritätensetzung, Leistungsbereitschaft und Lebensziele wahrscheinlich stärker über individuelle Erfahrungen, Vorbilder oder kulturelle und soziale Prägungen begründet. Ein Jugendlicher, der in prekären Verhältnissen in einer deutschen Trabantenstadt aufwächst, unterscheidet sich fundamental in seinen individuellen und soziologischen Dispositionen vom am selben Tag geborenen Jugendlichen in einem bürgerlichen Vorort mit Doppelgarage und »Reinigungsperle«. Da sich die Werber eher an ihresgleichen orientieren, ist das Ergebnis eben nicht »das« Generationenbild, sondern allenfalls die seit jeher bekannten »Blaupausen« eines gut gebildeten, vernetzten und weltoffenen Milieus. Deshalb orientieren sich Arbeitgeber in Werbung und Kommunikation oft an den vermeintlichen Inhalten, die ihnen die Generationeneinteilungen vorgeben und ziehen »Gleiches von Demselben« an. Die Erkenntnis ist simpel: Warum arbeiten in Agenturen so viele kosmopolite und kreative Menschen? Weil in den Agenturen so viele kosmopolite und kreative Menschen arbeiten.

Und weil man die Präferenzen dieses Milieus kennt, werben Unternehmen gerne mit ihren politischen und gesellschaftlichen Einstellungen in Hinblick auf Klimaschutz, soziales Engagement und Diversity und verstärken damit einen inhaltlichen Mikrokosmos, der gar nicht mehr aus der »normalen Welt« stammt. So wurden Werbeagenturleitungen zur Hochzeit der Friday-for-Future-Demonstrationen vom Branchenmagazin *horizont* befragt, ob sich die Agenturen, Marken und Medien am weltweiten Klimastreik beteiligen würden.[48] Die Antworten reichten von »Selbstverständlich beteiligen wir uns mit der gesamten Agentur an dem Klimastreik« über »Ich habe es der Agentur ebenso freigestellt und fast alle kommen mit. #fridaysforfuture – auch in Agenturen!« und »Bei uns werden gerade die Protestschilder für Freitag gebastelt. Natürlich mit Material aus der Altpapiertonne. Mit auf die Straße zu gehen, ist nicht blau machen – nicht bei uns. Jeder entscheidet selbst. Aber wir alle glauben: Activism works. So act!« bis »Am Freitag gibt es keine Kundentermine und wir gehen geschlossen auf die Straße. Morgens sind alle Kollegen in ihren Kiezen als Klimabotschafter unterwegs.« – so viel Einigkeit war selten ... Wir werden nachfolgend sehen, dass auch die beste Form der Marktforschung diese inhaltliche und ästhetische Uniformität schwer überbrücken kann. Die obsessive Orientierung an Jugendlichkeit hat der Philosoph Alain Finkielkraut beißend polemisiert. Der Franzose erkennt im Jugendwahn den Hang zu einer radikalen Demokratisierung, die versucht, jegliche Unterschiede oder Hierarchien aufzulösen: »Der demokratische Instinkt stellt den ererbten Hierarchien und protokollarischen Eminenzen überall die Identität der Personen, die Austauschbarkeit der Positionen und die Umkehrbarkeit der Rollen gegenüber.«[49] Dies geschehe, indem die Jugend stets im Zentrum aller Aktivitäten stünde.[50]

Daneben bestehen auch äußerst profane Gründe, warum sich die Werbewirtschaft so vehement um die 14- bis 49-jährigen Kunden bemüht. Der vor allem in den 1990er- und 2000er-Jahren bekannte Fernseh- und Medienmacher und Pionier des Privatfernsehens in Deutschland, Helmut Thoma, bekannte freimütig, dass er mit Blick auf die heutzutage »relevante Zielgruppe der 14- bis 49-jährigen« die Durchsetzungsstrategie des amerikanischen Privatsenders ABC in seiner Startphase kopiert habe. Ausgangspunkt war die Tatsache, dass der Privatsender RTL in seinen ersten Jahren im Vergleich zu den staatlichen Sendern nur wenige Zuschauer hatte, damit für die ihn finanzierende Werbeindustrie relativ uninteressant war und so nur geringe Werbepreise verlangen konnte. Thoma bediente sich einer genialen Idee. Er segmentierte die erhobene demografische Zuschauerstruktur so, dass RTL in irgendeiner Weise Relevanz und eine Top-Position hatte. Indem er die »werberelevante Zielgruppe« auf die

Altersgruppe von 14 bis 49 ausrichtete, war RTL plötzlich ein statistischer Spitzenreiter in der Zuschauergunst ... Ausschnitt erschafft Wirklichkeit. Es wurde das Credo kultiviert, dass nur diese Bevölkerungsgruppe überhaupt die Botschaften der Werbung umsetze, da die älteren Kunden in der Regel ihre Konsumgewohnheiten nicht ändern würden. Ob dies tatsächlich so ist, wird kontrovers diskutiert. Thoma ist bis heute überrascht, wie sich dieser Mythos gehalten habe: »Dass es 20 Jahre lang gehalten hat, ist das Faszinosum.«[51]

Letztlich führt der Jugendwahn in eine Effizienzkatastrophe, die sich schließlich in Werbebildern und Kommunikationsthemen ihren Weg bahnt: Katie Melua wirbt für Opel, obwohl sie gar kein Auto fahren kann. Joko & Claas, die sich in den Jahren zuvor darum bemühten, sämtliche Abstrusitäten einer Freundschaftspflege zu zelebrieren, werden zu Werbeträgern der seriösen Sparkassen; und plötzlich wirbt ein äußerst ambitionierter und übereifriger Parfum-Influencer und Dschungelcamp-Insasse, der zuvor jahrelang seine kryptischen Videoschnipsel mit einer unergründlichen Drehung in die Kamera eröffnete, manisch auf die Sprühfunktion seines Flakons hämmerte und Duftnoten vergab, als Botschafter für die solide und sich sorgsam um Preis und Solidität kümmernde Marke ALDI Nord. Mit nacktem Oberkörper und weißer Leinenhose steht der parfümierte Held (Jeremy Fragrance) vor dem Publikum, reckt ein bemehltes Graubrot in den Himmel und feiert die fünf Elemente. Die Medialeitung von ALDI Nord kommentiert: »Mit Jeremy Fragrance inszenieren wir unser Backwarensortiment auf eine ganz neue, unterhaltsame Art und Weise – im Look einer dramatischen Parfüm-Werbung.«[52] Dass dieser Protagonist auf der bereits erwähnten Digitalen Marketing Messe (OMR) 2023 einen viel beachteten Auftritt als in weiß gekleideter Verkaufsmessias hatte, so weitreichende Tipps gab wie »Sei eine Brand, haut ein Dutzend Posts raus und macht Millionen«, während er immer wieder »Krrrraaaaft« ins Publikum rief und sexistische Geschmacklosigkeiten von sich gab. Das veranlasste den feinen und erfahrenen Werbewirkungsexperten und *Wirtschaftswoche*-Kolumnisten Thomas Koch zu einer veritablen Entschuldigung auf dem digitalen Berufsnetzwerk LinkedIn: »Da nicht zu erwarten ist, dass sich der Mann oder sein Umfeld entschuldigt, tue ich es stellvertretend für die Branche. Dafür, was Sie auf der »Online Marketing Rockstars« zu sehen bekamen, entschuldige ich mich in aller Form. Ich kann nur hoffen, dass die Werber ihrer Abhängigkeit von unzähligen, aus dem Ruder laufenden Influencern rasch ein Ende setzen. Unsere liebevoll ›Zielgruppe‹ genannten Verbraucherinnen und Verbraucher haben Besseres verdient.« Das sahen wohl die 5000 Menschen in der Halle anders, denn der selbsternannte Gott verlies unter Beifall die Bühne (Zum Glück hatte am Folgetag Luisa Neubauer einen 30-minütigen Auftritt unter dem Titel »Cut the Bullshit«, in dem sie die Teilnehmer dazu aufforderte, nicht für eine Branche tätig zu sein, die zerstört ... Es bleibt abzuwarten, wie viele Messebesucher danach ihre Kündigungen eingereicht haben. Dieser Vortrag wurde medial und in den einschlägigen Netzwerken gefeiert, während der Vortrag vom Mr. Fragance aus Sexismus-Gründen vom Veranstalter aus dem Netz genommen wurde). Realität ist, was (sorgsam) kommuniziert wird ... Man mag sich für die Branche schämen, viel entscheidender ist, dass all die Profis, Experten und selbsternannten Rockstars alles, wirklich alles rechtfertigen, warum Marketing und Werbung immer weniger relevant sind – kein ernstzunehmender Erwachsener kann diesem zahlenangereicherten Affentheater von Basecap tragenden Selbstdarstellern mit Millionenbudget irgendeine Kompetenz zubilligen. Clowns entscheiden nicht nur über Millionen, sondern beeinflussen den Zeitgeist.

ALDI war mal ein rabiater Discounter. Heute geht es um Zerstreuung, Aufmerksamkeit und Unterhaltung. Man glaubt sich am Ziel, wenn das junge Publikum Beifall klatscht und euphorische Kommentare mit Ausrufezeichen, Emojis und

Interpunktionsschwäche in die Tasten haut. Als Medienpublikum und nicht als Kunden. Denn an der Rezeptur seiner Brote wird Jeremy Fragrance mit seinen ALDI-Kumpanen wohl kaum etwas verändert haben. Je unterhaltender die Werbung, desto größer ist die Spannbreite zwischen Werbe- und Produkterfahrung. Aber das ist vielleicht egal, weil es nur um die Inszenierung, das große Spektakulum geht. Die Jugend hat viel Spaß, während die Alten die Brote zum Mindestlohn in die Kunststoffauslagen schieben. Das ist die wirklich grässlich unterhaltsame Vorstellung.

Um Mitarbeiter zu halten und zu gewinnen, gilt es dieses Team kreativer, selbstbewusster und engagierter Menschen zusammenzuschweißen. Dazu zählen über das Salär hinaus das Reklamieren des Zeitgeistes und ein künstlerisch-ästhetischer Anspruch als latente Ideologie des Tuns, zu denen Werbepreise und Auszeichnungen, Kooperationen mit massentauglichen Künstlern, Musikern oder Aktivisten zählen können. Die Vorstellung von schnöden Umsatzzielen ist für diese ausgesuchten Teams dagegen eher irritierend, wenn nicht sogar abstoßend.

Werbung und Medien – One of a kind

Spannenderweise verbinden sich Medienschaffende und Mitarbeiter der Kreativwirtschaft in vielen Bereichen. Auf der erkennbaren Ebene sind sie direkt aufeinander angewiesen. Medien, digitale wie analoge, benötigen die Anzeigen und Werbungen der Agenturen, die praktischerweise auch oft, sehr oft, als Mediaagenturen fungieren. Die Aufgabe dieser Agenturen ist es, die produzierten Werbungen möglichst zielgenau in den richtigen Medien zum richtigen Zeitpunkt zu platzieren. Dafür erhalten sie Provisionen auf den Anzeigenwert. Wie man sich gegenseitig hegt und pflegt, wird an einem kleinen Beispiel augenscheinlich. So wirbt der ADC, der deutsche Art Directors Club, also die Vereinigung der deutschen Kreativköpfe in den Werbeagenturen, jedes Jahr gut sichtbar auf den Plakatwänden und »Stadtmöbeln« (auch bekannt als Bushaltestellen) Hamburgs. Merkwürdig, denn an sich keine Massenpublikumsveranstaltung, die eines stadtweiten Publikums bedarf. Wahrscheinlich ein gut gemeintes Dankeschön der Mediabranche an die Damen und Herren Werber.

Werbe- und Kommunikationsprofis sowie Medienschaffende besitzen ähnliche Wichtigkeiten und Erfolgsparameter in ihrem Arbeitsverständnis. Zugegeben generalisierend lässt sich folgende Charakterisierung vornehmen: Während der Kreative eher die künstlerische und trendangebende Wirkung seiner Arbeit betont, kennzeichnet Journalisten vor allem der Wunsch nach spektakulärer und vor allem »investigativer« Information. Beiden gemein ist die Suche nach Öffentlichkeit. Die Aufdeckung von Skandalen, Übertretungen und Verfehlungen ist der Goldstandard im Journalismus, denn schließlich steigt mit jedem Aufreger die Aufmerksamkeit und ethische Wertschätzung desjenigen, der die Wahrheit offenbaren konnte. Zurecht und dankenswerter Weise für das Wesen der Demokratie sind die Medien (immer noch) die »vierte Gewalt« im Staat.

In diesem gesellschaftlichen Kontext wirkt etwas als Kraftquelle, das der Begründer der deutschen Soziologie, er sei erneut zitiert, Ferdinand Tönnies, in seinem Buch »Kritik der Öffentlichen Meinung« bereits 1922 beschrieben hat. Der Holsteiner ging von einer Art »Quasi-Personen« oder einer »sichtbar-unsichtbaren Gesellschaft« (J. G. Herder) aus, die, obwohl es sie de facto nicht anfassbar gibt, so doch unsere Handlungen und unser Denken in entscheidender Weise lenken. In diesem Fall durch bestimmte Vorstellungen von dem, was wir machen sollten und was nicht. Was verwerflich und unlauter ist, obwohl es vielleicht noch nicht einmal ein juristischer Straftatbestand ist, aber sich einfach nicht gehört. Die

3. Kapitel

Öffentliche Meinung ist ein gedachter Gerichtshof, in der sich Menschen vor dem Hintergrund einer bestimmten Ethik als freie, vernünftige Wesen verbunden fühlen – sozusagen der kategorische Imperativ als Gruppenbild (Alexander Deichsel). Die Öffentliche Meinung kennzeichnet ein einmütiges moralisches Urteil über Ereignisse und Vorkommnisse einzelner Menschen und Gruppen, die in öffentlichen Kontexten auftreten.

Die ehrenvolle Aufgabe des investigativen Journalisten ist es immer wieder, nach Lücken und Übertretungen zu suchen, die uns verdeutlichen sollen: Hier verstößt jemand gegen die guten Sitten, arbeitet gegen die Gemeinschaft – egal, ob es um eine Erhöhung der Diäten für Politiker, kleine Geschenke an Entscheider oder auch nur die unkomplizierte Bereitstellung eines Kindergartenplatzes für den Nachbarn geht, weil das Leitungsteam bekannt ist. Die Öffentliche Meinung macht Urteile zu einer wirksamen Pflicht, auch wenn sie nirgendwo explizit hinterlegt sind. Die veröffentlichte Meinung greift die soziale Energie dieser sogenannten Skandale auf und nutzt sie massenwirksam. Sie ist Anwalt einer intuitiven Sittlichkeit. Der Soziologe und Tönnies-Kenner Rainer Waßner schreibt: »Man muss sich die Öffentliche Meinung daher [...] als eine Art von Gerichtshof vorstellen, deren ›Subjekt‹ ein internationales, gebildetes, unabhängiges Publikum sei, das sich kollektiv in jede einzelne öffentlich geäußerte Meinung einmische. Unsichtbar zwar, ›nicht versammelt, außer im Geiste‹, dennoch höchst real als Orientierungsgröße, als Maßstab, als Vorgabe in Gestalt der Prinzipien und Gedanken, die eben das ›Publikum‹ des Bürgertums haben historisch entstehen lassen bzw. die dessen Werk sind: Naturrechts-, Aufklärungs- und Humanitätsstandards.« Und an anderer Stelle: »Freiheit und Gleichheit sind die Postulate, die sich im Tagesgeschäft am meisten bemerkbar machen. Journalisten reisen um die Erde, um von Freiheitsbewegungen zu berichten und Unterdrücker bloßzustellen. Hongkong, die ›demokratische

Revolution‹ in den arabischen Ländern, Palästina, die Grenzbefestigungen der USA zu Mexiko, die Annexion der Krim, die Wahlen in Weißrussland ... Die veröffentlichte Meinung wird zum Vorkämpfer [...] indem sie die eigene Sache [...] wenn möglich als die Angelegenheit der Menschheit hinstellt und verkündet.« Kühl merkt Tönnies an: »›So ist ein Wort wie Freiheit seines Zaubers immer sicher.‹ [...] In dieses Vakuum schießen zeit- und ortsvariant die mannigfaltigsten Deutungen ein, wie nun Brüderlichkeit, Fortschritt, Selbstbestimmung, Gleichberechtigung, Friede etc. konkret aussehen solle. Es gibt, anders als in der Religion, kein Konzil, keine Synode, die Ausführungsbestimmungen erließe. Und das kann in der modernen Gesellschaft mit ihrer Dynamik gar nicht anders sein, wo sich alles im Wandel befindet, und wo der ursprüngliche Sinn, das ursprüngliche Ziel der Menschenrechte: der bürgerliche Kampf gegen feudale Vorrechte in allen Lebensbereichen schon längst aus dem Gedächtnis entschwunden ist. Da die Grundrechte in Deutschland bereits verbrieft und geschützt sind, liegen die einheimischen Tatorte primär bei den Verletzungen des Gleichheitsgrundsatzes. Wo anscheinend Filz, Kungelei, Seilschaft, Missbrauch, Unlauterkeit und Diskriminierung vorliegt, neuerdings auch Vergehen an der nichtmenschlichen Natur, sind die Detektive des Enthüllungsjournalismus zur Stelle. Aufdecken, das Licht der Aufklärung in dunkle Machenschaften hineinleuchten! So heißt die Devise. Dann tritt der ›Gerichtshof‹ der Öffentlichen Meinung mit der peinlichen Frage in Aktion, die veröffentlichte Meinung wird zu seinem Organ.«[53]

Vor dem Hintergrund individualisierter Aufmerksamkeitsmärkte wird es immer schwieriger, überhaupt noch wahrnehmbar für größere Gruppen zu sein. Die Öffentliche Meinung ist ein »Feld«, das übergreifend effizient wirkt. Es ist die Champions League der Aufmerksamkeit. Es entwickelt sich eine Spirale der Wahrnehmungserzeugung, die noch über das ständige Suchen nach der nächsten Verfehlung, dem

3. Kapitel

Drehen an Tabubrüchen, Erschütterungen des »guten Geschmacks« oder ungeschriebener Regeln eine kurzzeitige, aber umso heftigere Wahrnehmung erzwingen will. ... die Suche nach der Verfehlung und ein bösartiger Zynismus, der vor allem in den angesagten Late-Night-Comedy-Shows kultiviert wird, die nicht zum mit-lachen, sondern schadenfrohen darüber-lachen animiert. Und dies hat Auswirkungen auf das soziale Miteinander, also weit über Bildschirme bzw. Screens hinaus. Es wird in allem nach Verteufelswertem gesucht, dem allgegenwärtigen allzu menschlichen Makel, verdammt! Man sieht in einer Haltung des ethisch-maschinenhaften Absolutismus stets das Böse: Die Erziehung der Kinder erfolgt auf Basis eines ausgeglichenen Mann-Frau-Zeitkontos. Das Essen ist vegan und aus der Region, der Sport optimiert und ständig getrackt, das Lesen beschleunigt und unsere Gesprächsinhalte so ausgeglichen und durchdacht, um keinen auch nur ansatzweise zu verletzen, sodass nur noch Platitüden übrig bleiben, um nicht einen Cancel-Reflex auszulösen. Eine Mega-Ethik in Aktion, die den Menschen als fehlerbehaftetes Wesen zugunsten eines absolut rationalen entemotionalisieren möchte. Die beste Grundlage für die Schaffung einer besseren Welt?

Der österreichische Philosoph Robert Pfaller hat in seinen Arbeiten verdeutlicht, dass »erwachsene Gesellschaften« kennzeichnen würde, dass sich bestimmte Widrigkeiten des Lebens nicht vermeiden lassen, ja, dass sie konstitutiver Bestandteil des Lebens, vielleicht sogar eines gelungenen Lebens sind.[54] Heute wirkt nichts weniger als eine »Entzauberung der Welt«, die versucht, sämtliche Varianten zugunsten der *einen* »richtigen Lösung« zu desavouieren: »Alles was das Leben lohnend macht; alle kleinen Freuden und Narrheiten; alles, was auch nur auch ein wenig Unterbrechung der Alltagsmechanismen und -ökonomien verspricht und Gefühle der Souveränität und der Solidarität verschaffen könnte, soll beseitigt werden. [...] Statt freudiger kleiner Handlungen des

Feierns sollen nur noch schmallippige Gesten der Enthaltung gelten: Statt zu grüßen, lieber stumm bleiben; statt Nachkommenden die Türe aufzuhalten, lieber sich blind stellen und unverbindlich weitergehen; statt ein Kompliment zu machen, lieber schweigen; statt parfümiert zu sein, lieber naturbelassen riechen; statt gesellig eine Konversation einzuleiten, lieber stur und stumm vor sich hin starren; statt gemeinsam ein Glas Wein zu trinken, lieber vereinzelt abstinent bleiben.«[55]

Regierungen und Unternehmen behandeln Bürger und Kunden zunehmend wie Kinder, denen man nichts mehr zumuten darf – Vollkasko durch das Abenteuer Leben. Es werden Achtsamkeitsprogramme und Ethikteams installiert, die Verordnungen und Regelungen so vornehmen, dass alles klar geregelt, geprüft und beschlossen ist. Man trägt schon längst nicht mehr nur auf Fahrrädern TÜV-geprüfte Helme ... Politik und Wirtschaft als Aktionsfeld von Gouvernanten, die ihre unmündigen Kinder schützen. Dabei ist diese Form der Zuwendung höchst narzisstisch, denn der Narzissmus kennzeichnet die absolute Zentrierung auf das bestimmende Selbst. Erst Abstand zu sich, dem eigenen Tun und Denken gegenüber, das Relativieren vor dem Hintergrund einer eigenen Fehlbarkeit im Sinne einer »Befreiung von sich selbst« ermöglichen Humor, Pragmatismus, Übertretungen und im Ergebnis eine fehlbare Menschlichkeit: »Alles, was uns vor etwa 15 Jahren noch Freude gemacht hat, Trinken, Rauchen, Flirten, Stöckelschuhe tragen, einer Dame in den Mantel helfen usw. – das ist jetzt alles absolut tabu und grauenhaft.«[56]

Während Werbung das Gute braucht, um dem Jugendwahn Rechnung zu tragen und dementsprechend die (ethischen) Werte der Jugend kommuniziert, so sind Medien von ihrer (wichtigen) investigativen Arbeit im Staat beseelt. Diese strukturelle Allianz der Inhalte befördert eine medial-werbliche Eigenwelt, die im Kern darauf abzielt, das tragende Bedürfnis nach Aufmerksamkeit zu stillen.

Mythos Empathie: »Wenn Ihr's nicht fühlt, so werdet Ihr's nicht erjagen ...«

Unsere Zeit ist vor allem auf die Zahl fixiert: Erzählungen, Botschaften und Menschen sind suspekt, weil sie sich einer messbaren Logik entziehen. Zahlen suggerieren Sicherheit, weil sie Entscheidungen belegen, indem sie uns in die Lage versetzen sollen, Gegebenheiten, Sachverhalte, Menschen zu vergleichen. Selbst der Toilettengang auf Autobahn oder in Flughäfen fordert uns zu Bewertung auf einer Skala von 1 bis 5 und mit lächelndem oder weinendem Smiley auf. Unsere Meinung zählt, wenn auch nur als Durchschnittswert. Indem wir kleinen Kindern von früh auf Noten, also Zahlen geben, ist es möglich, ein »besser« oder »schlechter« zu bestimmen. Zahlen ergeben also vor allem dann Sinn, wenn es darum geht, Rangfolgen und Wertigkeiten festzulegen.

In vielen, fast allen Bereichen glauben wir an die »Kraft der Zahl« ... und stellen darüber oft das Reflektieren ein: Wer nur noch an Zahlen glaubt, hört irgendwann auf zu denken. Der Sozialwissenschafter Steffen Mau hat dies eindrücklich verdeutlicht: »Zahlen bieten eine – oftmals sehr überzeugende – Antwort auf unsere Bedürfnisse nach Objektivierung, Sachbezogenheit und Rationalisierung. Zwar abstrahieren Zahlen von konkreten sozialen Kontexten, sie sind aber nicht nur Mathematik. Hinter ihnen stehen Wertzuweisungsprozesse, die den Zahlen erst eine Bedeutung zukommen lassen. Quantifizierungen lassen sich daher als handhabbare Formen der Zuschreibung von Wertigkeit ansehen, weswegen nicht nur der Umstand interessant ist, dass quantifiziert wird, sondern auch, wie und durch wen.«[57]

Daten sind praktische Indikatoren und Gradmesser für den Leistungsgrad von Menschen, Organisationen oder sogar hochkomplexen Ländern. Von Klassennotendurchschnitt über die vertrieblichen Verkaufszahlen oder aber die Besucherzahl eines Konzertes: Ständig sind wir dabei, Erfolg und Misserfolg, Entwicklung und »Performance« zu dokumentieren und daraus Verbesserungsschritte abzuleiten. Steffen Mau fasst die Auswirkungen nachdenklich zusammen: »Wenn jede Aktivität und jeder Schritt im Leben aufgezeichnet, registriert und in Bewertungssysteme eingeschrieben wird, verlieren wird die Freiheit, unabhängig von den darin eingelassenen Verhaltens- und Performanzerwartungen zu handeln.«[58]

Dabei sei die permanente Orientierung an der Zahl (in privaten, beruflichen oder öffentlichen Bereich) das Phänomen einer durch die Statussicherung verschreckten Mittelschicht, die sich auf das erreichte Niveau in einer Welt des Wandels nicht mehr verlassen kann und deshalb Indikatoren benötigt, um sich ihrer eigenen Stellung bewusst zu sein und etwaige Gefahren bei gefürchteter Nichterfüllung frühzeitig zu erkennen.[59] Nicht mehr Menschen entscheiden (und übernehmen Verantwortung), sondern die Zahlen entscheiden in und durch uns – damit werden Bestimmungen entindividualisiert. Dies erklärt auch die große Faszination, die Unternehmerpersönlichkeiten heute auslösen: Steve Jobs, der Marktforschung ablehnte, oder Wolfgang Grupp von Trigema gewinnen Öffentlichkeit, weil sie sich der unternehmerischen Normalität entziehen und mit »Herz, Erfahrung und Intuition« – aber stets mit Blick auf ihre Wirtschaftlichkeit – führen. Wie schrieben die Mitarbeiter auf LinkedIn am Tag des 81. Geburtstages des Unternehmers: »Auch in diesem Jahr möchten wir Herrn Grupp wieder im Namen der Betriebsfamilie danken. [...] Für 54 Jahre ohne Kurzarbeit oder Entlassungen aufgrund von Arbeitsmangel – Dass er wirtschaftlichen Profit nicht über das Wohl seiner Mitarbeiter stellt – Für die Wertschätzung unserer Arbeit und die Ehrungen unserer Jubiliare – Für das Hinzuziehen der Mitarbeiter in wichtige Entscheidungen, da deren Kompetenz geschätzt wird.«

Klar ist: Zahlen beschreiben nur die Oberfläche, die Wirkungen bestimmter Ursachen. So lässt sich eine Stadt wie

3. Kapitel

Hamburg durch statistische Zahlen über Einwohner, Fläche, Einkommensverhältnisse oder auch Bildungsstand in Tausende von Einheiten abbilden, aber selbst die noch so detailreichste Zahlenbeschreibung wird nicht die Stimmung und Atmosphäre dieser Stadt veranschaulichen können. Im Gegenteil: Vielleicht finden sich Städte mit ähnlichen Daten und dennoch wissen wir, dass es sich um eine komplett andere Stadt handeln kann. Wir versuchen, der komplexen Wirklichkeit des 21. Jahrhunderts durch die Zahl Herr zu werden, suggerieren Zugriff und Kontrolle, verkennen aber, dass wir nur die Wirkungen, aber nicht die Ursachen von Prozessen aufgreifen. Damit wird die Wirklichkeit in einer Weise vereinfacht, die aufgrund ihrer Generalisierung zwar zu Absicherung, aber nicht zur planvollen Steuerung beiträgt. Wo aber alles durch die Zahl gleich gültig ist, ist alles gleichgültig.

Um als Werbemacher die Menschen zu verstehen und zielgenau zu erfassen, auch »Targeting« genannt, berufen sich allerhand Experten auf Lieferanten, die in den vergangenen Jahrzehnten immer größere Bedeutung in Wirtschaft und Politik erhalten haben: die Markt- und Meinungsforscher. Obwohl ihre Anzahl in den letzten Jahren massiv sinkt, beträgt sie heute in Deutschland weiterhin gut 115 Institute. In der Vergangenheit verschmolzen viele kleine Agenturen mit den großen Namen der Branche: Gesellschaft für Konsumforschung, Allensbach oder auch Statista bilden ein umfangreiches Netzwerk an Analyse- und Erhebungsinstrumenten. Hinzukamen durch die Digitalisierung kostenlos bereitgestellte Aufbereitungen durch die digitalen Plattformen, auf denen jeder halbwegs talentierte Computernutzer seine Werbung auf die Sekunde genau auf die Soziodemografie der Benutzer herunterbrechen kann. Nichts geschieht mehr ohne eine fundierte Zahl. Der bekannte Werbetexter und Agenturgründer David Ogilvy hat die Obsession von Kommunikationsprofis, in Kategorien zu denken, in wenigen

Worten auf den Punkt gebracht: »Der Kunde ist kein Veganer, er ist Deine Frau.«

Es gab – bis vor gut ein, zwei Jahrzehnten Situationen im Wirtschaftsbetrieb, die heute nicht mehr vorstellbar sind. Beispielsweise das Erlebnis, dass in einem Firmenmeeting ein Verantwortlicher die Entscheidung für oder gegen einen Werbespot, ein Plakat oder einen Slogan nur auf Basis seines Gefühls, seiner Intuition und mit Rückgriff auf seine Erfahrung entschied: »Wir machen das jetzt so, weil ich glaube, dass das richtig ist ...« Nur noch kleine oder familiengeführte Betriebe haben heute noch die Chuzpe, unternehmerisch und nicht als Statistiker zu denken. Der Philosoph Byung-Chul Han hat diese absichernde Geisteshaltung der Moderne auf den Punkt gebracht: »Wir leben heute in einer postnarrativen Zeit. Nicht Erzählung, sondern Zählung bestimmt unser Leben.«[60]

Sämtliche Lebenszeichen eines Unternehmens werden immer und immer wieder getestet und in »Vox Pops« (Straßenbefragungen) geprüft. Auf der argumentativen Ebene geht es dabei um eine möglichst ideale Anpassung an die Wahrnehmungen des relevanten Publikums, der Zielgruppe; im Grunde allerdings delegieren damit sogenannte Entscheider die Verantwortung für oder gegen eine kommunikative Lösung in das Nirwana der Statistik. Anstatt zu entscheiden und dafür einzustehen, wird analysiert und gezählt. Da allerdings die meisten Unternehmen eines Marktes ähnliche Marktforschungsdaten abfragen und – ansonsten wäre es keine repräsentativen Untersuchungen – zu ähnlichen Ergebnissen kommen (müssen), führt dies zu ähnlichen Ableitungen. Schließlich sind auch die Mitarbeiter hochgradig homogen ausgewählt – den standardisierten Assessment-Centern sei Dank. In der Regel werden in bestimmten Positionen Menschen rekrutiert, die ein ähnlicher Werdegang, eine ähnliche Ausbildung und in Zeiten der harmonisierten Lehrpläne auch ähnliche Studieninhalte kennzeichnen. Divers? Nur sichtbare Kennzeichnen, aber nicht in den Köpfen der Menschen.

Die sorgsam vorgebrachte Diversität des Unternehmens bleibt bereits beim Interpretieren von Daten auf der Strecke. Hier gilt das typische Nachdenken und kein Vordenken mehr. Waren in der Vergangenheit Menschen mit den unterschiedlichsten Biografien und Berufen tätig, so findet sich in der Entscheidungsebene der Unternehmen eine merkwürdige Ansammlung gleicher Erfahrungshintergründe, Milieus und Denkschemata. Umso freudiger werden deshalb »Blicke über den Tellerrand« gefeiert, externe Motivatoren und Berater integriert und das Firmenleitbild mithilfe von Legosteinen (»Lego Play«) bei trendigem veganem Fingerfood wortgewaltig nachgebaut (Ich habe jahrelang mit meinen Söhnen Legos verbaut, ganze Metropolen geschaffen und frage mich heute, was wohl meine Söhne sagen würden, wenn sie all die ›Erwachsenen in der Arbeit‹ legobauend sehen würden ...).

Nur gut, dass viele Menschen ob so viel Einmütigkeit keinen Einblick in die nur oberflächlich bunte Welt der Marketing- und Kommunikationsabteilungen haben. All dies wäre mitunter ärgerlich oder verstörend, aber die wirtschaftlichen Auswirkungen sind schlimmer: Wenn Unternehmen, die existieren, weil sie in einem Bereich der Welt eine eigene Handschrift oder ein bestimmtes Leistungsmuster verankert haben (jedes erkennbare Zeichen ist autoritär, ansonsten wäre es nicht erkennbar), auf »den Markt« in ähnlicher Weise reagieren, dann löschen sie ihre eigentlichen Besonderheiten, die sie erst erkennbar gemacht haben, mit jeder Marktforschung und anschließenden Anpassung weiter aus. Im Ergebnis stehen Unternehmen und ihre Marken, die sich in Hinblick auf ihr konkretes Leistungsprofil nicht mehr unterscheiden, sondern den Versuch unternehmen, ein möglichst genaues Bild sogenannter Marktanforderungen zu reflektieren. Jedoch: Alle reflektieren das Gleiche. Wenn aber alles gleich ist, dann wird die Unterscheidung auf einen Aspekt der Markenpräsenz übertragen: die Werbung. Wie beschrieben wird oft kommuniziert, dass eine Marke »emotional aufgeladen« werden müsse. De facto bedeutet das, dass die eigentliche Leistung vom Auftritt getrennt wird. Produkte an sich wären nichtssagend, allein das Image würde dafür sorgen, dass Menschen kauften. Dieser Glaube ist verbreitet, aber er ist im Kern für ein Unternehmen fatal. Sicher partizipieren Menschen am »Glanz und Gloria« (Image) eines Produktes, aber selbst das stärkste Image kann die Leistung nicht ersetzen, egal ob Nike, ob ein Montblanc-Füller, die Erwartungen an einen ALDI-Einkauf oder eine Zahnpasta. Image allein verkauft nicht für lange Zeit. Das bedeutet: Marken unterscheiden Leistungen, die Menschen konkret wahrnehmen und im besten Fall als Empfehlung in Bezug auf konkrete Erfahrungen weitergeben.

Markt- und Meinungsforschungsorientierung sind die entscheidenden strukturellen Ursachen für Marken und politische Parteien, sich zunehmend anzugleichen. Wenn sich aber Parteien nur durch »das Gefühl« unterscheiden, welches durch Spitzenkandidaten repräsentiert wird und nicht mehr aufgrund eines klaren und bewahrenden inhaltlichen Profils, so ist es nur konsequent, wenn Wähler ihre Parteienpräferenzen zunehmend wechselhafter zur Disposition stellen. Die immer wiederkehrende Mär vom »Wechselwähler« ist einfach und bequem. Sie verstellt jedoch die entscheidende Dynamik der Wechselhaftigkeit: Ein Käufer oder auch Wähler wird wechselhafter und untreu, wenn die Gründe für sein Bekenntnis zu einem Produkt oder einer Partei nicht mehr eingelöst werden. Die erste Frage ist also zunächst nicht, warum der Wähler untreu geworden ist – eine typische Außenperspektive –, sondern was ein Unternehmen oder eine Partei verändert hat, sodass die Gründe, die bisher zu Treue geführt haben, nicht mehr eingehalten werden? Jetzt dreht sich die Logik um: Das stets von Kunden und Wählern eingeforderte Vertrauen gegenüber einem Unternehmen, einem Produkt, einer Partei beruht nicht auf abstrakten Gefühlen, sondern Erfahrungen. Vertrauen entsteht nicht über Nacht, ist auch nicht per Order zu befehlen, sondern das Ergebnis eines Prozesses, der schließlich zu Vertrauen führt. Anders gewendet: Vertrauen entsteht über Vertrautes. Wortgeschichtlich enthält das Wort »Vertrauen« bis heute (etwas verfremdet) das Element, das überhaupt zu Vertrauen führt: Treue. Treu ist man nur dem, der sich selbst treu ist. Freundschaften funktionieren deshalb, weil wir Vertrauen in einen Menschen haben. Warum? Weil wir über längere Zeit auf gemeinsam Situationen zurückblicken können und uns die Reaktionen des anderen zugesagt haben. Diese Besonderheiten erwarten wir nun auch in Zukunft in typischer Weise. Wir können uns auf den anderen verlassen – wichtig in einer Welt, die immer unübersichtlicher und schneller wird. Freundschaften gehen in der Regel auseinander, wenn unser Gegenüber in einer Weise handelt, die wir »so nicht erwartet« hätten. Ein Vertrauensbruch tritt ein. Die Analogie zu Marken und Parteien ist gegeben: Wir kaufen ein Produkt nicht mehr, wenn »es nicht mehr das ist, was es einmal war« – auch wenn wir es zunächst noch verteidigen und auf Besserung hoffen. Wir wählen eine Partei nicht mehr, wenn sie nicht mehr für ihre, als positive Vorurteile bestehenden Inhalte steht. Wenn die SPD Hartz IV einführt (und inzwischen wieder zurückregelt), so arbeitet sie exakt gegen ihr positives Vorurteil als Beschützerin »der kleinen Leute« an. Wenn die Grünen für Aufrüstung und Waffenlieferungen stehen, dann muss sie ihre Positionierung als »Friedenspartei« äußerst gut begründen. Wenn die CDU die Wehrpflicht und die Atomkraft abschafft, so sägt sie an kollektiven Erwartungshaltungen. Wenn die FDP die Steuerquote erhöht, dann mag unser positives Vorurteil gegenüber dieser Partei irritiert werden. Wenn Linke-Funktionäre Hummer speisen und Gendersprache eher problematisieren als prekäre Arbeitsverhältnisse, dann mag sich die Kernwählerschaft unverstanden fühlen, und wenn die AfD sich in Grabenkämpfe verliert, obwohl sie gegen Parteienfilz polemisiert, dann bleibt wenig von einer »Alternative« ...

Wenn es also um die Ausrichtung und die Entwicklung einer Leistung unter einem spezifischen Namen geht, egal ob Unternehmung, Produkt oder Partei, so ist die erfolgreiche Führung sehr schnell nicht mehr inhaltlich frei. Stattdessen geben Gewohnheitsmuster der relevanten Öffentlichkeit die Erwartungen vor. Das Management oder die demokratisch legitimierten parteilichen Gremien sind gut damit beraten, diesen Erwartungshaltungen in selbstähnlicher Weise zu entsprechen, die Stärken zu stärken. Rechtlich betrachtet sind die Besitzverhältnisse in Bezug auf eine Marke klar, jedoch irgendwann »gehört« dem Eigentümer oder Entscheider »der gute Name« nicht mehr, sondern der Kund- oder Anhängerschaft ... eine herausfordernde Aufgabe in Zeiten, in denen die Vorstellung von Demut im Sinne eines übergreifenden Ziels ein Affront gegen unser Eigenbild als autonome Entscheider darstellt.

Marketing- und Kommunikationsprofis sind auf einen Sachverhalt in der Regel sehr stolz: ihr Verständnis der Märkte und der Zielgruppen. Ausgerüstet mit der Marktforschung und schematisierten Musterkunden, deren Lebensumfeld und Konsumgewohnheiten exemplarisch aufgeführt werden, wird nach Klarheit gesucht. Diese sogenannten Personas informieren über die typischen Eigenschaften des Kunden oder auch Wählers: Alter, Einkommen, Wohnort, Schulabschluss, Lebensmotto, meist gesehene Fernsehprogramme, Sportpräferenzen – wie lebt der typische Käufer einer streichzarten Teewurst oder eines stichfesten Vanille-Joghurts? All dies wird benötigt, um ihn möglichst passgenau »in seinem Leben abzuholen«.

Die Problematik einer strukturellen Anpassungsstrategie in Zeiten, in denen die Kommunikationskanäle mehr als belegt, aber die Aufmerksamkeitsmöglichkeiten der Menschen begrenzt sind, sollten deutlich geworden sein. Nicht überraschend, dass das Vertrauen in Marken und in politische Parteien kontinuierlich sinkt. Dies ist umso erstaunlicher, weil noch nie »der Kunde« oder »der Wähler« ähnlich dezidiert dokumentiert, durchleuchtet und analysiert wurde. Wir wissen immer mehr und verlieren gleichzeitig massiv das Vertrauen von Kunden und Wählern. Vielleicht, weil zwar viele Zahlen vorliegen, aber die Menschen, die in den Agenturen sitzen, keinen Zugang zu der oft beschworenen »Mitte der Gesellschaft mehr haben«, da sie kulturell und biografisch in einer anderen Welt zu Hause sind. Und es vielleicht sogar explizit wollen, um sich und ihre korrekte Position in der Welt klar zu verdeutlichen. Der Philosoph Stefan Pfaller formuliert am Beispiel der Sprache deutlich: »Politisch korrekter Sprachgebrauch ist – ebenso wie Charity, Ethical Fashion, ökologisches Einkaufen und veganes Kochen – vor allen und zu allererst ein Destinktionskapital; eine Waffe, mit deren Hilfe man mehr oder weniger Gleichgestellte wirksam zu Ungleichen machen kann.«[61]

Es geht um Diversity im Kontext »gedanklicher Vielfalt« in den Unternehmen. Wenn man sich in der Szene der Werbe- und Kommunikationsagenturen umhört, so ist man sich der Tatsache bewusst, dass die gesellschaftlichen Realitäten auch nicht nur annähernd widergespiegelt werden. In einer Studie aus 2016/2017 unter 2415 Media-Agentur-Mitarbeitern wurde deutlich, dass in britischen Werbeagenturen 84 % aller Mitarbeiter unter 40 Jahre alt sind. Bei den älteren Mitarbeitern handelt es sich meist um das Top-Management oder die Agentur-Eigentümer.[62]

Der britische Autor David Goodhart thematisierte unter dem Titel »Road to Somewhere – The New Tribes Shaping British Politics« (»Der Weg nach Irgendwo – Die neuen Völker gestalten die britische Politik« – nicht auf deutsch erschienen) die Differenzierung der britischen Bevölkerung in die Gruppen der sogenannten »Anywheres« und »Somewheres«. Ausgehend von der Beobachtung, dass – trotz Globalisierung und unbegrenzter Mobilität – gut 60 % aller Briten in einem Umkreis von 20 Meilen zu dem Wohnort leben, wo sie bereits mit 14 Jahren lebten, skizziert Goodhart idealtypisch zwei »soziale Wirklichkeiten«, die auf die Moderne und den gesellschaftlichen Zeitgeist in unterschiedlicher Weise reagierten. Unter »Anywheres« wird eine individualistische Weltauffassung verstanden, die unabhängig der kulturellen Herkunft all die vereint, die Wert auf Autonomie, Mobilität, Innovation und eher weniger auf Gruppenzugehörigkeit, Traditionen und Herkunft legen. Ihre Arbeit ist geprägt von Selbstverwirklichung und persönlichem Erfolgsstreben. Sie kennzeichnet in der Regel ein höherer Bildungsgrad und biografische Weltläufigkeit, meist sogar außerhalb des Geburtslandes. Im Unterschied dazu charakterisieren die »Somewheres« tendenziell traditionelle und gemeinschaftliche Werte. Sie fühlen sich eher eingeschüchtert durch Veränderungen im Lebensalltag, in Kultur und in der Arbeitswelt. Goodhart stellt hinsichtlich der »Somewheres« klar: »Sie entscheiden sich nicht für ›geschlossen‹ statt ›offen‹, sondern wollen eine Form der Offenheit, die sie nicht benachteiligt.«[63] Und betont: »Außerdem sind sie größtenteils moderne Menschen, für die die Gleichberechtigung der Frau und die Rechte von Minderheiten, das Misstrauen gegenüber der Macht, die freie Meinungsäußerung, der Konsum und die individuelle Entscheidungsfreiheit Teil der Luft sind, die sie atmen. Sie wollen einige der Dinge, die die ›Anywheres‹ wollen, aber sie wollen sie langsamer und in Maßen.«[64] Diese Gruppe leidet faktisch und gefühlt in vielen Bereichen an den Veränderungen, die die Globalisierung vor allem in der europäischen Arbeitswelt verursacht hat: die Auflösung gemeinschaftlicher Strukturen und Interessensnetzwerke (u. a. Gewerkschaften), die Entwertung »körperlicher Arbeit« auch im Sinne einer Honorierung, die kaum zur Familien-

3. Kapitel

gründung ausreicht – das hinterlässt Verunsicherung und Frustration.

»Anywheres« stellten nach Goodhart in Großbritannien zwar nur 25 % der Bevölkerung, aber sie prägten Politik, Journalismus, Wissenschaft und Kultur. Dies sei damit zu erklären, dass ihre Mitglieder beruflich in extrovertierten und umspannenden Netzwerken tätig seien. Goodhart geht davon aus, dass diese Zweiteilung ein übergreifendes Phänomen für die postmodernen europäischen und nord-amerikanischen Gesellschaften sei. Während die »Anywheres« in dieser Welt angekommen seien, zumal sie sie entscheidend prägten, bewegten sich die »Somewheres« in permanenter Unsicherheit und Irritation durch den sukzessiven Verlust bekannter und bewährter Alltäglichkeiten auf beruflicher und privater Ebene. Hinzu kommt die mediale Verbreitung eines »Anywhere«-Wirklichkeitsbildes, das den »Somewheres« immer wieder eines verdeutlichen würde, nämlich dass ihre Werte und Wichtigkeiten nicht nur irrelevant, sondern höchst fragwürdig wären.

Spannenderweise belegt eine Studie unter Mitarbeitern von Media- und Werbeagenturen, dass nur 14 % aller Agenturmitarbeiter in einem Umkreis von 20 Meilen wohnten, in dem sie auch bereits lebten, als sie 14 Jahre alt waren – im Gegensatz zu den oben genannten 60 % der Bevölkerung, die diesen Radius nicht verlassen hat. In dieser Logik ist die Welt der Werbe- und Kommunikationsprofis geprägt vom Lebenswandel der »Anywheres«. Die Autoren kommen zu folgender Aussage: »Diese überdurchschnittliche Mobilität führt zu einer größeren Kenntnis unterschiedlicher Kulturen, eines größeren Erfahrungsschatzes und einem größeren Zutrauen in Neues und Unbekanntes.«[65] Es ist nachvollziehbar, dass eben diese besonderen und nicht durchschnittlichen Erfahrungen das Verhalten und die Ansicht von Werbe- und Kommunikationsprofis prägen. Ganz im Sinne der klassisch-psychologischen Sozialisationslehre orientieren wir uns an den

Normen, Maßstäben und Werten unserer maßgeblichen »Peers«, also denen, die uns gleich oder ebenbürtig erscheinen und unsere Interaktionen prägen und auf die Probe stellen. Das mag oberflächliche Bereiche bezeichnen und reicht von einer Kleiderordnung, die sich in einem Consulting-Unternehmen erkennbar von einem Lehrerzimmer oder einem Hausmeisterbüro unterscheiden, bis hin zum Schreibgerät (Montblanc-Füller vs. BIC-Kugelschreiber). Die Orientierung an »Peers« reicht aber noch viel weiter, sie umfasst eben die Bereiche, die vor gut 50 Jahren der Soziologe Pierre Bourdieu in seinen Milieu- und Distinktionsstudien aufzeigte: Die Art und Inhalte des Denkens, die Form der Sprache, ja selbst der Gestus und unser Geschmack werden, wenn nicht geprägt, so doch beeinflusst durch unsere Umgebung und unsere Lebensrealität.

Es sei nochmals auf die Tendenz-Studie verwiesen, die im Winter 2022 in Hinblick auf das Milieu von Kommunikations- und Werbeprofis durchgeführt wurde. In der Erhebung wurde auch das Wahlverhalten zu diesem Zeitpunkt erfragt. Diese nicht-repräsentative Studie, die aber als erstes »Pulsnehmen« durchaus Tendenzen erkennbar macht, offenbarte über die bereits dargelegten sozialen Verzerrungen hinaus massive Ungleichgewichte hinsichtlich der politischen Partizipation dieser zeitgeistbestimmenden Gruppe. Auf die Frage, welche Partei die 150 Kommunikations- und Werbeprofis in Deutschland im November/Dezember 2022 am nächsten Sonntag zur Bundestageswahl wählen würden, zeichnete sich folgendes Ergebnis ab: 54,4 % würden »Grün« wählen (letzte Bundestagswahl 2021: 14,8 %), FDP 10,1 % (2021: 11,5 %), Die Linke 9,4 % (2021: 4,9 %), SPD 7,4 % (2021: 25,7 %) und die CDU/CSU 6 % (2021: 24,1 %) – die AfD hat keinen Wähler.

Interessanterweise konnte (auf Basis einer kleineren Grundgesamtheit) festgestellt werden, dass das Schweizer Milieu der Werbe- und Kommunikationsprofis demgegenüber durchaus eine ähnliche politische Tendenz aufweist, aber eher ausgeglichener erscheint. Wenn am nächsten Sonntag Schweizer Parlamentswahl wären, dann würden ... 36,6 % SP (2019: 16,8 %), 13,3 % FDP (2019: 15,1 %), 11,6 % GLP (2019: 7,8 %), 10 % Grüne (2019: 13,2 %), 6,6 % SVP (2019: 25,6 %) und 5 % Mitte (2019: 11,4 % als CVP-Nachfolger) wählen.

Man mag zurecht die Repräsentativität dieser Studie problematisieren, es wird jedoch klar, dass die politischen Einstellungen des Marketingmilieus kaum etwas mit der gesellschaftlichen Realität in Deutschland zu tun haben. Die Frage muss erlaubt sein, inwieweit also diese Gruppe eigene Ansichten, Einstellungen und persönliche »Wahrheiten« als Gradmesser für ihre hochgradig homogenen Aktivitäten nimmt. Eine Frage, die in Zeiten leistungsorientierter und nicht politisierter Werbung nicht weiter von Belang gewesen wäre, aber was macht es mit den Inhalten von Werbung, wenn sie explizit gesellschaftliche Thematiken aufgreift und dazu Stellung nimmt?

Menschen sind soziale Wesen. Oder wie es der Nobelpreisträger für Medizin Eric Kandel beschreibt: »Dass es unserer Spezies im Laufe der Evolution so gut gelungen ist, sich an die natürliche Umwelt anzupassen, verdanken wir zu einem großen Teil unserer Fähigkeit, zwischenmenschliche Netzwerke zu knüpfen.«[66] Für die meisten Menschen sind soziale Bindungen weiterhin mit einem festen Ort und den kleinen und großen Gewohnheiten verbunden, die sie seit ihrer Kindheit kennen. Heimat ist ein Gefühl, das aus der Erfahrung erwächst, im Hier und Jetzt angekommen zu sein – ohne Erklärung und viele Worte. Heimat ist das Wohnzimmer der Seele.

Menschen suchen Bindungen ... zu anderen Menschen, zu anderen Gemeinschaften oder auch zu Dingen. Denn: »Sobald Individuen zusammenkommen, bringen sie Soziales hervor und erzeugen Orte«[67], schreibt Marc Augé, Impresario der modernen Anthropologie, in seinem wissenschaftlichen

Klassiker »Nicht-Orte«. Der französische Wissenschaftler weist darauf hin, dass die moderne Welt zwar immer mehr Orte schafft, die Kraft ihrer Austauschbarkeit irgendwo und nirgendwo in der Welt sein könnten (man beachte nur ein modernes Einkaufszentrum, einen Flughafen, eine Tankstelle, einen Supermarkt, ein Parkhaus oder so manche Fußgängerzone), aber das die Bedingung für diese universelle »Funktionalität« dieserart Orte zu Einsamkeit und Ähnlichkeit führe.[68] Der Nicht-Ort ist botschaftslos, ohne Vergangenheit und Verwurzelung. Ohne Bezug aber agiert der Mensch im besten Fall irritiert, wenn nicht beklommen und bedroht, da er keine Bezugspunkte erkennt, die dem Erfahrenen Sinn und Referenz geben. Der »Verlust der Identität«, indem wir oftmals nur noch Kunden, Passagiere oder Gäste sind, vereinheitlicht Aktivitäten und Aufforderungen im Sinne der automatisierten »Abfertigung«, um Wirtschaftlichkeit sicherzustellen. Jedoch ersetzt er nicht den Wunsch nach Geborgenheit in Sicherheit. Wer einmal das Tesla-Servicecenter bei einer Autoreparatur kennengelernt hat, weiß, was Anonymität bedeutet: Eine Reparatur wird nicht mehr über einen Ansprechpartner gemanagt, sondern unterliegt – ununterbrechbar – den zentralen Algorithmen der Bearbeitung, die von Stufe zu Stufe nach klar festgelegten »Procedures« weitergereicht werden – sofern ein Kennzeichen vorliegt. Eine Information oder gar eine Berücksichtigung individueller Anmerkungen oder Bedarfe ist nicht vorgesehen. Ausgeliefert erwartet man Statusmails, die irgendwann ein Abholdatum festlegen. Die Systemoptimierer feiern sich selbst, der Kunde findet außerhalb der festgelegten Ordnung nicht statt und wenn, dann »stört er Abläufe« ... das Leben ist (noch) kein Algorithmus.

Gerade in der bunten und jungen Werbewelt wird der Mythos des »Alles wird anders« kultiviert. Die Gründe mögen vielfältig und sozialpsychologischer wie ökonomischer Natur sein. Sozialpsychologisch ist es das Privileg jeder Generation, die eigene Sturm- und Drangphase in ihrer Einzigartigkeit hervorzuheben: In Zeiten des Individualismus definieren wir uns nicht nur über Status und Dinge, sondern (gerade, weil kulturelle Herkunft nicht mehr als Distinktionsmerkmal taugen darf) auch über die Epoche, die sich heutzutage mit so klingenden Beinamen wie »disruptiv« und »revolutionär« schmückt. Gleichzeitig impliziert »das Neue« neue Marktchancen ... vor allem für die Dienstleister. Werbe- und Kommunikationsagenturen benötigen »Neues«, um regelmäßig neue Studien, neue Analysen, neue Lösungen zu verkaufen.

Allerdings ist es schwer vorstellbar, dass das menschliche Denken, welches sich über Millionen von Jahren evolutiv entwickelt hat, im Rahmen von zwei, drei oder vier Jahrzehnten neuronal verändert habe. Sicher mögen sich Kommunikationskanäle und Resonanztreiber modifizieren und austauschen, aber die Struktur und Dynamik von Aufmerksamkeit und Kommunikation bleibt erhalten.

Die Form, aber nicht der Inhalt, ändert sich.

Die strikten Logiken des Gefallens

Die britischen Marktforscher Ian Murray und Andrew Tenzer führten mehrere Untersuchungen durch, um zu prüfen, inwieweit die Biografien von Werbe- und Kommunikationsprofis, also das Agentur-Milieu, Auswirkungen auf die Ansprache und Zielsetzungen von Werbung und Kommunikation haben. Sie betonen, es sei ein Trugschluss anzunehmen, dass die gewählten Formen und Ausprägungen professioneller Kommunikation ausschließlich rationalen und bewussten Abwägungen unterlägen. Viel eher sei das Verhalten dieser Berufsgruppe von unterschwelligen psychologischen Treibern und Motivatoren beeinflusst, die direkt und versteckt die Realitätswahrnehmung und die daraus abgeleiteten Ergebnisse verzerrten und die sich auf folgende Formel verdichten lässt: Wir mögen den modernen Mainstream nicht, und wir sind uns dessen noch nicht einmal bewusst. Ausgehend vom Sozialpsychologen Richard Nesbitts wird verdeutlicht, dass die Art des Denkens und Bewertens hochgradig kulturell, d. h. durch individuelle Soziotope geprägt werde. Es besteht demnach kein »universelles Wahrnehmungsmuster« der sozialen Realitäten, sondern sie geschehen vor dem Hintergrund kultureller Filter und Kategorisierungssysteme.[69]

Neben kulturell geprägten Denkmustern würden, so haben die Sozialpsychologen und Pioniere der Kulturpsychologie Rebecca Carey und Hazel Markus herausgefunden, auch soziale Milieus die Systematik des Denkens prägen. Angehörige der Mittelklasse denken und entscheiden auf Basis »analytischer Prämissen«, während Mitglieder der klassischen Arbeiterschicht die Realitäten des Alltags eher »gestaltorientiert«, d. h. in einem übergreifenden Gesamtbild begreifen würden. Wenn die typischen Mitarbeiter der Werbe- und Kommunikationsagenturen eher jung, gebildet, kosmopolit zu sein scheinen, also ihr Weltbild anhand »analytischer Faktoren« strukturieren, dann weichen sie in ihrem »Interpretationsfilter« strukturell von der Mehrheitsgesellschaft ab. Sie kennzeichnet in der Regel »eine andere Persönlichkeitsstruktur« als die Mehrheitsgesellschaft. So offenbart die Studie, dass Kommunikationsprofis in der Regel bereit sind, »ein höheres Risiko einzugehen« und »starke Gefühle« zu vermeiden. Der Wunsch nach »Zugehörigkeit« ist bei ihnen weniger stark ausgeprägt. Noch ein weiterer wichtiger Aspekt wird durch die Studie deutlich: Inwieweit unterscheidet sich die Wahrnehmung von Kommunikationsprofis und Mehrheitsgesellschaft in Hinblick auf die Frage, ob das eigene Handeln selbstbestimmt ist oder aber durch externe Faktoren und Einflüsse bestimmt wird? 61 % der Media-Profis glauben an die eigenständige Kontrollgewalt, während dies nur 34 % der Mehrheitsgesellschaft glauben.[70]

Nur ein Detail: wohl kaum. Denn anhand dieser Ergebnisse wird deutlich, dass die Sicht auf das Leben und seine Steuerbarkeiten sich zwischen typischen Werbern und den Mitgliedern der Mehrheitsgesellschaft fundamental unterscheiden. Haidt, der bereits zuvor zitierte amerikanische Sozialpsychologe, weist in seinem Buch »The Righteous Mind« ähnlich wie Goodhart darauf hin, dass die Klasse der »Weired People« (Western, Educated, Industrialised, Rich and Democratic) das dominante »Personal« in Politik, Kultur und Medien in den USA bildet, aber de facto nur eine Minderheit bei Berücksichtigung der Gesamtpopulation darstellt.

Sind all das nur statistische Einblicke in die sorgsam kultivierte Werbewelt Großbritanniens und der USA? Nein, denn Milieu, Distinktion und Weltauffassung, die nichts mehr mit Schichtungen aufgrund der finanziellen Basis zu tun haben müssen, sondern mit der Art und Bestimmung des »kulturellen Kapitals«, wirken sich direkt auf die Art und Weise aus, wie Kommunikation geplant wird: Allzu oft stellt die heutige Werbewelt alles Neue und Unerwartete in den Fokus; sie adressiert das »Junge« in uns; sie findet auf Plattformen und Netzwerken statt, wo sich alle »Trendigen« und »Jugendhaften« tummeln und unterschätzt bzw. ist gar kenntnislos über die traditionellen Kommunikationsformen der »Bewahrenden« und »Sesshaften«. Es ist für das Selbstbild eine Werbekampagne einfach besser, für die internationale Ausgabe der *Vogue* als für das *Walddörfer Heimat-Echo* zu planen.

Die Fähigkeit zu einer empathischen Sicht auf die Welt und die Menschen ist innerhalb der Marketing-Industrie nicht ausgeprägter als im Rest der Bevölkerung – trotz oder gerade wegen vielerlei soziologischer und psychologisch fundierter Messinstrumente und soziodemografischer Analysen. Auch nutzt Empathie wenig, um ein Gefühl für die Bedürfnisse und Realitäten der Mehrheitsbevölkerung zu gewinnen. Die Vorstellung, dass Empathie ein guter Ratgeber bei der Entwicklung von Inhalten und Botschaften sei, ist zwar verbreitet und vor dem Kontext sozialer Erwünschtheit sorgsam gepflegt, wird vom Psychologen Paul Bloom, der an der Universität Yale lehrt, jedoch äußerst kritisch betrachtet. Unter dem Titel »Against Empathy« macht er deutlich, dass Empathie nicht per se zu etwas Gutem und Förderlichem führt, weil sie zahlreichen unterbewussten Verzerrungen unterliegen kann. Bloom differenziert deshalb zwischen Empathie und Compassion. Empathie meint mit einem anderen und seinen Gefühlen eins zu werden, während Compassion die Situation des anderen realisiert, aber emotional eine Distanz einnimmt. Eben diese Distanz führe dazu, dass wir in der Regel logische Entscheidungen treffen, um dem anderen in seiner Situation beizustehen oder sogar zu helfen – unabhängig von unserer Beziehung zu ihm. Bloom verdeutlicht, dass diese Differenzierung mehr ist als eine wissenschaftliche Spitzfindigkeit, sondern, dass beide Idealtypen unterschiedliche Gehirnareale aktivierten und damit unterschiedliche Formen der Entscheidungsfindung bedingten. Empathie fördere die »Gleichsetzung« mit einem betroffenen Menschen und versetzt uns deshalb in die Lage, das Schicksal eines Menschen förderlich zu beeinflussen. Empathie arbeitet sich stets am Einzelfall ab. Die Problematik ist, dass die Auswahl eben der uns berührenden Einzelfälle hochgradig von unseren unterbewussten Einstellungen geprägt wird. So bauen wir in der Regel Empathie zu Menschen auf, die uns und unserem Leben ähnlich sind. Dagegen fällt es schwerer, Empathie zu empfinden, wenn die betroffenen Menschen oder Umstände fremd und unbekannt sind. Wir machen uns eins mit denen, die so sind wie wir. Dies mag ein trauriger und problematischer Umstand sein, aber Bloom verdeutlicht, dass dieses Verhalten in zahlreichen Studien und psychologischen Experimenten nachgewiesen werden konnte. Im Ergebnis kann Empathie zu unausgeglichenen und ungerechten Verhalten führen. Aus diesem Grund hält Bloom es für überaus gefährlich, politische oder gesellschaftliche Ent-

3. Kapitel

scheidungen oder ethische Normierungen auf Basis »empathischer Strategien« zu entwickeln.[71]
Es gibt eben doch mehr, das uns trennt als verbindet ...

Kann Moral ethisch sein?

Menschen aus dem »Werbe- und Kommunikationsland« haben »moralische Ge- und Verbote«, die sich vom Gros der Menschen unterscheiden und auch durch »Analysen und Marktforschungen« oder »Tage an der Front« (Bezeichnung, wenn Agenturen oder Unternehmen ihre Führungsmitarbeiter in den Verkauf oder Vertrieb schicken oder hinter venezianischen Spiegeln Menschen beim Diskutieren über die neueste Nuss-Nougat-Creme zusehen und -hören) nicht überbrückt werden können – sofern dies überhaupt eine Zielsetzung ist.

Im alltäglichen Sprachgebrauch werden die Begriffe Moral und Ethik gerne in einem Atemzug und synonym genutzt. »Moralisch und ethisch sollten wir ...« Vielleicht ist es eben genau diese Vermischung, die zu Missverständnissen im gesellschaftlichen Diskurs führt. Warum? Weil Moral und Ethik zwei unterschiedliche Motoren innerhalb gemeinschaftlicher Bündnisse sind. Moral ist immer die »Moral der Truppe«, einer spezifischen Gemeinschaft, die ihre Existenz durch signifikante (meist latente) Regeln und Vorstellungen sichert. In Europa reichen wir uns die Hand beim Kennenlernen, in Asien verbeugt man sich voreinander, um nur eine harmlose moralische Gepflogenheit zu benennen. Die Moral kennt und beruht auf dem »Uns«, das sich von den »Anderen« abgrenzt. Die Ethik dagegen kennt ein universelles »Wir« – es umfasst alle und geht von der Universalität der Regelungen aus, indem es Verhaltensweisen, Bedingungen und Regelungen aufstellt, die für alle gleich sind, egal wo man geboren ist, wo man lebt. Die »Menschenrechte« sind höchst ethisch, aber der ideologische Kampf um ihre Interpretation zeigt, wie selbst bei dieser Frage im weltweiten Kontext Uneinigkeit herrscht.

Der Philosoph Alexander Grau wies darauf hin, dass die Ethik die Moral heute »ideologisiert« und die Begründungsfähigkeit der Moral überprüft und damit generalisiert (»ethisch begründete Moral«).[72] Es entsteht ein Leitbild für »richtiges Handeln«, das immer wieder in Konflikt mit Traditionalisten gerät, die die Moral einfach mit »immer schon dagewesen« begründen. Die heute wirksame »ethische Moral« verweist auf eine, wie Grau argumentiert, »religiöse Großerzählung«, die als Instanz mit Welterklärungsanspruch wirksam wird. Diese Instanz nutzt naturrechtliche Begründungen, die nicht erdacht, sondern (natur-) wissenschaftlich »entdeckt« werden – damit ist Widerspruch per se eine Ablehnung wissenschaftlicher Gesetzmäßigkeiten und macht deutlich, dass ein Austausch über die Inhalte eigentlich nicht möglich ist, da eine Ablehnung nicht nur die Ablehnung von Standpunkten, sondern von Tatsachen wäre. Eine Diskussion findet nicht mehr statt.[73] Kein Wunder, dass uns diese unumstößliche Zwangsläufigkeit dazu zwingt, den Müll akkurat bis hin zum Aluminium-Deckel zu trennen, die Möhren vom Feld nebenan zu erstehen, die Eier unverpackt zu kaufen und das Fleisch mit Bio-Siegel vorzubestellen, merkt Grau an.[74] Gleichzeitig macht der Philosoph deutlich, dass sich diese Vorstellung einer »richtigen Ordnung« nicht nur auf den gesamten Erdball ausbreitet, sondern auch die zeitlichen Grenzen sprengt, sodass inadäquate Märchenbücher, Denkmäler oder Straßennamen geschliffen werden müssen – schließlich wissen wir heute viel mehr und agieren aufgeklärter als unsere fulminant dumpfen Vorfahren. Ethik ist im Jetzt und entledigt sich aller kulturellen oder zeitgeschichtlichen Wurzeln. Kein Wunder also, dass eine Berufsgruppe, die immer mehr in Quartalen denn in Generationen denkt, ganz im Sinne der »ethischen Moral« agiert und bisweilen agitiert. Denn wer ist – allen Ernstes – gegen Solidarität? Wer ist gegen das »Wir«? Wer ist gegen Nächstliebe? Wer ist gegen Umweltschutz? Wer ist gegen das Tierwohl? Unterbewusst und noch nicht einmal gezielt hat sich eine Kommunikationsstrategie ausgebreitet, die auf höchst wirkungsvolle Weise das Gegenargument verwirft, ja gleichsam unmöglich macht. Der post-moderne absolute Individualismus kommt im Gewand des naturwissenschaftlichen »Wir« und steigert auf diese Weise den Grad des Selbstbezuges in sozial legitimer Weise ins Unendliche. Dass diese Überzeugung auf einem unrealistischen statistischen Wissenschaftsverständnis basiert und sich eines Menschenbildes bedient, das eine Minderheit als Referenz nutzt, aber auf alles und jeden ausbreitet, hat Züge einer autoritären Ordnung. Die Protagonisten dieser Ideologie übersehen vieles, was nicht sein darf.

Es wirkt ein Kulturkampf des Ethischen, initiiert und vorangetrieben durch eine elitäre Minderheit derjenigen, die überall in der Welt zu Hause, gut gebildet und versorgt sind. Ein wenig mehr Relativismus und Demut täten uns gut. Das Leben ist nicht absolut. Als Menschen sind wir nicht nur reine (sich entwickelnde und verändernde) Wissenschaftler. Alain Finkielkraut wies bereits 1990, also weit vor der Epoche der »ethischen Moral«, darauf hin: »In der Wissenschaft und nur in der Wissenschaft erhebt sich der Mensch über die Wahrnehmungsstrukturen, die das Kollektiv, dessen Mitglied er ist, in ihm niedergelegt hat. Was den Rest betrifft – Gebräuche, Institutionen, Glaubensinhalte sowie intellektuelle und künstlerische Erzeugnisse –, so bleibt er seiner Kultur verhaftet.«[75]

Es schmälert aber nicht die soziale Funktion und vor allem Aufgabe jeder Marke: Menschen in Zeiten des Kommunikationsgewitters, der Unsicherheiten und dem Neuigkeitswahn Verlässlichkeit bieten. Nichts ist für Menschen anstrengender und fordernder als die Freiheit der Wahl. Manchmal rettet uns der altbekannte Joghurt vor dem Unbill der Welt. Manchmal ist es der Gang in das altbekannte Café und die Bestellung eines großen Latte Macchiato, die uns nach einem »schlechten Tag« Trost spenden, und manchmal ist es der halbwegs verlässliche Flug in den Süden, wenn die Regentropfen tagelang an die Fensterscheiben klopfen. Das ist bereits eine ganze Menge. Manchmal ist das Leben ganz profan und es geht nicht immer und stets um Rettung und Weltenheil.

4. Kapitel

… und nichts weniger will als »die ganze Welt und die Zukunft« retten …

Passion! Mission! Weltrettung!

Ich habe bereits davon berichtet, dass ich vor einigen Jahren das wissenschaftliche Privileg hatte, für ein deutsches Nachrichtenmagazin sehr viele Jahrgänge, Ausgabe für Ausgabe, durchzuarbeiten. Damals ging es mir darum, die Werbeanzeigen eines Unternehmens über die Zeit zu dokumentieren, um daraus eine für die Jahrzehnte spezifische Botschaft, Ansprache, zumindest aber gestalterische Tonalität zu erkennen. Interessanterweise war es nicht möglich, im Unternehmen selbst, immerhin ein Globalplayer mit einem zweistelligen Millionenbudget, eine Werbedokumentation zu erhalten, die über die letzten drei Jahre hinausging. Marketingleitung und Werbeverantwortliche der Firma wurden ohnehin Jahr für Jahr ausgetauscht, sodass noch nicht einmal ein persönliches Interesse an der Dokumentation der werblichen Werke und der mit ihnen verbundenen strategischen Gedanken bestand – trotz des immens hohen Werbebudgets, das über die Zeit akkumuliert worden war. Nichts wird heute so schnell vergessen wie die sorgsam erdachte, erarbeitete und beobachtete Werbung kurz nach ihrer Einstellung. Warum werden Botschaften nicht mehr bewahrt? Weil die Botschaften verbraucht, austauschbar und nichtig sind und nichts Bedeutendes nachfolgt, weil nichts erzeugt wird, das das Potential hat, bewahrenswert zu sein. Nicht nur in die Zeitung von gestern wickelt man Fische.

Neben dieser zufälligen Einsicht ergaben sich nach Tagen des Blätterns zwei inhaltliche Ergebnisse in Bezug auf das Unternehmen:

Erstens: Nein, das Unternehmen hatte es in den 50 Jahren seiner Werbung in Deutschland nicht vollbracht, eine Botschaft oder zumindest eine Werbegestaltung durchzuhalten (noch nicht einmal das Logo blieb gleich).

Zweitens: Nicht nur bei diesem Unternehmen und seiner weltbekannten Marke, sondern bei (nahezu) jedem Unternehmen verschwand mit jedem Jahr die Information zu einem Produkt oder zu einer Dienstleistung. Statt Text und Verdeutlichung nahmen sich immer größer werdende Bilder Raum – teilweise so sehr, dass man nur noch ein Bild sah, auf dem verschämt in einer Ecke das zahlende Unternehmen seinen Namen erwähnte. Auch die Bilder unterlagen einem Trend: Sie zeigten immer seltener das Angebot als solches, sondern Situationen, Menschen und Landschaften (gerne auch in Kombination). Es entstand der Eindruck, dass die Inszenierung des zu kaufenden Produktes das unschicklichste war, was in einer Werbung vorstellbar wurde: »Machen Sie alles, aber zeigen Sie nicht das, wofür Sie eigentlich Geld haben wollen.« Ich erinnerte mich an eine Kommentierung, die ich als Student im Rahmen von wissenschaftlichen Recherchen gelesen hatte. Anfang der 1990er-Jahre schrieb ein damals noch erhältliches Werbermagazin in Bezug auf eine Anzeige des Bierbrauers Krombacher, die lediglich einen Wildbach in seiner natürlichen Prächtigkeit zeigte: »Ein sehr schönes Foto... Nirgends ist ein Bier zu sehen, nicht einmal zu erahnen. Landschaft pur. Störende Elemente wie Headlines, Copies oder Produktabbildungen sind mutiger- und konsequenterweise ausgemerzt.«[76] Das, was sich zu dieser Zeit noch als Form einer werblichen Avantgarde darstellte, sollte in den Folgejahren mehr und mehr zur Realität werden. Mutig war es spätestens ab 2000, ein Produkt zu zeigen ...

Was war geschehen? Die klassische Markenwissenschaft geht davon aus, dass sich die moderne Konsumwelt in unterschiedliche Bedürfnisphasen unterscheiden lässt. Am Anfang der Massenproduktion geht es vor allem um das »Erlernen« des anonymen Kaufes. Zuvor war der Konsum für die überwiegende Mehrheit der Bevölkerung eingeschränkt – Einkäufe bezogen sich vor allem auf fundamentale Bedürfnisse. Mit der Möglichkeit eines »kleinen Luxus« um 1900 kauften Menschen über die Grundversorgung hinaus ein. Jedoch: Der anonyme Kauf war nicht gelernt und die Ware und Verpackung hatten die Aufgabe, zunächst über den Inhalt und den Erzeuger zu informieren. Dass, was vorher automatisch geschah, weil sich Erzeuger mehr oder weniger kannten, übernahm nun der Verkäufer einer Ware, indem er zur »Marke« wurde bzw. der Produzent, der vor allem die Verpackung und Anzeigen dazu nutze, sich bekannt und über die Zeit vertraut zu machen.

Nach zwei Weltkriegen griffen »Fress- und Produktwellen« der 1950er-Jahre mit anschließender Reisewelle um sich. Ein alltäglicher Wohlstand wurde demokratisiert. In dieser Zeit entstanden zahlreiche Marken im Bereich von Lebensmitteln, aber auch die sogenannten »weißen und braunen Waren«, also Küchen- und Haushaltsgeräte und Produkte der Unterhaltungselektronik wurden Allgemeingut. Blaupunkt, Grundig oder Nordmende verkörperten den Aufschwung gut sichtbar in den Wohnzimmern Europas. Konsum-Gewohnheitsmuster auf Basis bestimmter Marken entstanden.

In ebendieser Phase setzte meine zuvor geschilderte studentische Recherchephase ein. Die Unternehmen erklärten in den 1960er-Jahren ihre Produkte, sie zeigten Details, lobten Vorteile und Pro-Argumente aus, da die potentiellen Käufer über die Eigenschaften des Produktes unterrichtet werden mussten. Und sie sollten sicherlich auch Argumente zur Hand haben, wenn sie den Kauf eines Bügeleisens, eines Autos oder Schallplattenspielers am Abendbrottisch zu erklären suchten – vor sich selbst und dem gesamten Familienvorstand samt interessierter Reihenhaus-Nachbarschaft. Spätestens Ende der 1970er-Jahre war diese Phase vergangen. Nun hatte so gut wie jeder Haushalt eine Grundausstattung an Konsumgütern gekauft. »Die Märkte sind gesättigt« ist der geläufige Ausspruch in Bezug auf diese Wirtschaftsepoche. Hinzu käme die weitgehende Austauschbarkeit der Produkte, die sich in ihrer Leistung kaum noch unterscheiden würden. Menschen haben diese Erfahrung sehr einfach auf den Punkt gebracht: »Das ist doch alles das Gleiche, da bezahlst Du nur für die Marke.« Die Reaktion auf diese zweifelhafte Erkenntnis war Ratlosigkeit bei den Herstellern und Frohlocken in den Agenturen: Wenn nämlich Produkte austauschbar wären, weil ihre Leistungen ähnlich oder sogar gleich wären, dann muss die Differenzierung auf einer anderen als der Leistungsebene stattfinden. Der sogenannte »Added Value« (der Zusatznutzen) war geboren. Damit war vor allem gemeint: Produkte und Dienstleistungen müssen emotionalisiert und (mit guten Gefühlen) aufgeladen werden.

Wenn also eine Steppdecke gekauft wird, dann kauft der Mensch nicht mehr die gute Verarbeitung oder den besonderen Stoff der Decke, sondern er kauft »Gemütlichkeit« oder viel eher »Ruhe vom Chef und der Ehefrau«. Ein Mensch kauft auch nicht mehr einen Schokoriegel aus besonderen Kakaoarten, der durch erfahrene Mitarbeiter bearbeitet wird und ihm deshalb gut schmeckt, sondern er kauft eine Auszeit. Ein Auto verfügt (bei Werbe- und Kommunikationsprofis) nur noch rudimentär aus einem Motor, sondern das Auto ist »Lebensfreude« ...

Die Aufgabe der werblichen Kommunikation sei es, eben diesen Zusatznutzen »beizufügen« – ein »Image« zu erzeugen. Ging es also noch zuvor darum, die besonderen Leistungen und Eigenschaften, die unter einem Namen erbracht werden, in der Öffentlichkeit klar zu verankern, wurden »Gefühle« die kommunikative Aussage der Werbung. Wenn sich aber Tausende von Marken der identischen Emotionen bedienen, ist die individuelle Zuordnung einer Emotion auf eine Marke inhaltlich vollkommen austauschbar und das Gegenteil von spezifisch und erkennbar.

Hinzu kommt, dass die Interpretationsbreite bei Einsatz dieses kreativen Rahmens nahezu unendlich ist: Für viele

Menschen entsteht Freude, wenn sie Zeit mit ihrer Familie verbringen (oder genau das Gegenteil), andere Menschen empfinden Freude beim Kauf einer teuren Uhr. Wie trifft man schließlich eben den Treiber, der voll und ganz auf nur einen Namen einzahlt? Letztlich ist diese Monopolisierung von Emotionen unter einer Marke nicht gelungen. Eine Lösungsstrategie war, den Werbedruck zu erhöhen und den einzelnen potentiellen Kunden direkt anzusprechen, getreu dem Motto: In einem Raum voller Schreihälse kommt der durch, der den Krach überschreit. Das Problem ist, dass es immer einen gibt, der noch lauter schreien wird ... bis die Stimme versagt.

Damit begann die dritte und entscheidende Phase der Kommunikationsführung: Wenn »Emotionen« austauschbar wurden, so entdeckten die Werbeprofis die Verknüpfung von Marke und Zweck. Die sogenannte Purpose-Werbung bahnte sich ihren Weg durch die Agenturen und Marketingabteilungen. Nachdem die Werbebranche den Menschen in den 1980er- und vor allem 1990er-Jahren weismachen wollte (und es kostspielig kultivierte), dass sie eine Form bildender Kunst war, nahm die Kommunikationsbranche nun für sich in Anspruch, die Welt zu retten. Was für eine Erfolgsgeschichte: Begonnen als »geheime Verführer« (Vance Packard mit zweifelhaften Studien) und »Manipulatoren«, war Werbung nun der Treiber, der sich für das Große und Ganze und vor allem Gute einsetzte.

Die deutschen Markenwissenschaftler Karsten Kilian und Markus A. Miklis haben in einer prägnanten Analyse festgehalten, dass sich in den letzten drei Jahrzehnten der auch als Mission bezeichnete Zweck eines Unternehmens zu einem »höheren Zweck« entwickelt habe, »der gesellschaftliche Belange stärker berücksichtigt«.[77] Die Vorstellung einer Unternehmensmission ist spätestens seit den 1970er-Jahren nachweisbar, weil der gesättigte Markt übergreifende Eigenschaften mit einem Produkt oder einer Dienstleistung verbinden wollte. Diese Vorprägung mündete in den 2000er-Jahren in die Vorstellung eines »Conscious Capitalism«, also eines »bewussten Kapitalismus«.[78] In einer Zeit, in der die Werbung sich dem Vorwurf ausgesetzt sah, mannigfaltige Ressourcen wie Papier, Farbe und Energie zu verbrauchen, um Menschen zum Kauf zu verführen, ergab sich für die ambitionierten, sensibilisierten und weltoffenen Werber und ihr fragiles Weltbild endlich das Momentum, das die Werbung entstigmatisieren sollte. »Bewusste Werbung« meint, dass Unternehmungen gesellschaftliche Thematiken zu ihren bezahlten Botschaften machen. Dabei geht es in der Regel um Themen des sogenannten sozialen Fortschritts und Wandels. Bewusste Werbung griff Fragen der Identität (Herkunft, Geschlecht, Gleichberechtigung und körperliche Einschränkungen), des Umweltschutzes (vor allem des Klimawandels) sowie der sozialen Teilhabe aller auf.

Eine (äußerst) kurze Geschichte politisierter Werbung

Es ist nicht neu, dass Werbung politische oder gesellschaftliche Botschaften aussendet. Marken nahmen um 1900 und in den beiden Weltkriegen immer wieder politisch Stellung ein. Sie warben mit Soldaten, gekrönten Häuptern und feierten die Siege ihrer Armeen mit schmissigen Slogans und Bildern. Ein Blick mehr als 120 Jahre zurück: Andi Zeisler, eine amerikanische Autorin, wies nach, dass die Politisierung von Werbung in einem direkten Zusammenhang mit Frauen als neuer Kundengruppe stand. Vor allem Zigarettenmarken erkannten die »Kundin Frau« als erste. War das Rauchen für Frauen in der Öffentlichkeit um 1900 Tabu, kam Frances Maule, Texter bei der bis heute ältesten bestehende Werbeagentur J. Walter Thompson, auf die bahnbrechende Idee, Frauen als Kunden zu verstehen. Mit Einbezug von Frauen als Kundschaft verdoppelten sich nahezu alle Märkte über Nacht. In einer Nachricht der British American Tobacco Company hieß es, die Integration von Frauen als Raucher wäre »eine Goldmine direkt auf unserem Grundstück«. Über Bilder, Beschreibungen und Slogans war plötzlich die »entscheidungsfähige Frau« Motiv und Inhalt von Werbung, um (in der Regel erfolgreich) neue Kundengruppen zu gewinnen. Die Zigarette wurde zu einer »Fackel der Freiheit« stilisiert (und auch so genannt). Die Zigarette als »Freiheitssymbol« sollte in den 1970er-Jahren und auch heute wieder (sofern Zigarettenwerbung noch erlaubt ist) ihre Wiederauferstehung feiern: So zeigt die zeitgenössische Zigarettenwerbung meist selbstbewusste Frauen. Die zweite große Gruppe, die erst spät als Werbepublikum entdeckt wurde, waren Afro-Amerikaner. Auch hier übernahm die Zigarettenindustrie die Vorreiterrolle und inszenierte Afro-Amerikaner als rauchende Zielgruppe – durchaus im Stil und Gestaltung der Bürgerrechtsbewegung der 1970er-Jahre.

Als eine besondere Form politisch-flankierender Werbung gilt die »Live your life«-Kampagne von Coca-Cola aus den 1970er-Jahren und »I'd like to buy the world a Coke«. In Zeiten des Vietnam-Krieges wurde eine große Gruppe von Menschen unterschiedlicher Erdteile gezeigt, die mit einer Getränkeflasche in der Hand über Liebe, Frieden und Cola sangen ...

In den 1980er-Jahre begann eine Phase der werblichen Kommunikation, die als »Empowertising« (Andi Zeisler) bezeichnet wird. Marken wie Polo Ralph Lauren oder Nike leiteten die gesellschaftliche Aufladung von Marken massengängig ein und verknüpften die zunehmende Individualisierung mit werblichen Aussagen. Besonders enigmatisch agierte Nike 1995 mit der »If you let me play«-Kampagne: Mädchen berichteten, dass sie sportlich aktiv sein wollen, weil sie dann gesünder und selbstsicherer durch ihr weiteres

Leben gehen könnten – und reklamierten die Partizipation an »typisch« männlichen Sportarten für sich. Die Förderung von Frauen in eher männlich dominierten Sportarten ist bis heute eine der langfristigen Thematiken von Nike geworden und geblieben. Das sogenannte »Femvertising« sollte große Wellen schlagen. Schließlich wurde die Community der Schwulen und Lesben in den 1990er-Jahren für die Unternehmen interessant. Nun ging es darum, sogenannte »Queer-Dollars« zu verdienen. 1994 thematisierte IKEA ein schwules Paar in seinem Werbespot und gilt damit als erster Global-Player, der diese Kundengruppe direkt ansprach. Wenige Jahre später zierte die Regenbogenfahne zahlreiche Werbungen und Produktgestaltungen. Die Branche fand aus den beschriebenen Gründen Gefallen an diesem gesellschaftlichen Einsatz und sollte ihn weiter ausdehnen: Nachdem sich das Selbstverständnis der Werbung veränderte, entdeckten die Unternehmen schließlich den politischen Aktivismus für sich: Procter & Gamble sollte sich 2017 mit einem Werbespot gegen Rassismus hervortun: »The Talk about Racism«, um die damaligen Black-Lives-Matter-Proteste im Sinne der positiven Wahrnehmung des Unternehmens zu nutzen.

Egal, wie edel und engagiert sämtliche dieser (inzwischen) historischen Beispiele sein sollten: Stets war ihr Zweck der (legitime) Gedanke, die Wahrnehmung und damit Wirtschaftskraft eines Unternehmens zu stärken, indem der Zeitgeist einer vermeintlichen Zielgruppe aufgegriffen wurde. Keine der aufgezeigten Firmen verzichtete auf die Nennung ihres Namens oder führte einen gesellschaftlichen Protest initial an, sondern man setzte auf bestimmte Grundstimmungen im Mikrokosmos der Werbe- und Kommunikationswelt, insofern sie politisch flankiert und medial öffentlich durchgesetzt zum »Common Sense« wurden. Dabei orientierte man sich vor allem an den (vor-)lauten und politisch, aber auch werbetechnisch relevanten Gruppen der Jungen, die biografisch bedingt eher Inhalten zugetan sind, die das Neue zugunsten des Bewährten auflösen möchten. Die begleitende Dynamik ist stets gleich: Zunächst fordern bestimmte Kleingruppen einen Wandel ein, der sich behutsam medial und politisch verbreitet und erst, wenn dieser Wandel in der Welt der »globalen Anywhere«-Elite akzeptiert ist, springen Unternehmen auf diesen medial gut »fahrenden Zug« auf und sichern sich den Zuspruch dieser »präsenten« Gruppe.

Das Ergebnis trat zu Beginn der 2010er-Jahre mit Macht zutage: Die schwer zu ertragenden Bilder des gewaltsamen Todes von George Floyd während einer Polizeikontrolle gingen um die Welt. Ein Polizeibeamter kniete auf dem fixierten Körper eines Schwarzen, der schließlich an Luftmangel starb. In der Folge kam es zu Protesten. Als Zeichen der Solidarität knieten Menschen nieder und gaben auf diese Weise ihrer Verzweiflung und ihrer Empörung Raum. Einer der Menschen, die als Zeichen der Solidarität knieten, war der CEO der Investmentbank J.P. Morgan, Jamie Dimon. Zusammen mit seinem Team kniete der Banker vor einem massiven Banktresor. Man solidarisierte sich.

Wirkte zuvor die eiskalte Logik weltgewandter und schneidiger Investmentführer, die engagiert dem Wall-Street-Film mit Michael Douglas (alias Gordon Gecko) nacheiferten und mit ihren Lear-Jets die Welt 24 Stunden am Tag umflogen und die nichts stoppen konnte, bestand nun die Möglichkeit, das ramponierte Image der Branche zu verbessern. Schon zuvor hatten die amerikanischen Großbanken ihre Chance erkannt: Vielleicht erinnern Sie sich noch an das Jahr 2008? Die große Blase der unverwundbaren Finanzgenies fiel in sich zusammen. Das Jahr der Bankenkrisen zunächst in den USA und schließlich mit Auswirkungen auf die gesamte globale Ökonomie hatte das Bild einer gierigen Investmentbankerklasse, die skrupellos ganze Volkswirtschaften in den Abgrund stieß, geprägt. Die weltweite Wahrnehmung der Banker war am Nullpunkt angekommen. Erst die Occupy-Wallstreet-Proteste um 2011 gaben den Bankern die Gelegenheit, ihr öffentliches

Ansehen zu verbessern. Nach Ansicht des polarisierenden amerikanischen Unternehmers, politischen Kommentators und Präsidentschaftskandidaten Vivek Ramaswamy stellte sich die Finanzbranche an die Spitze der an Fahrt gewinnenden Woke-Bewegung. Fortan wurden Frauenförderung, Empowerment und Diversity die Lieblingsthemen der Finanzbranche. Damit wurde kontinuierlich das Außenbild aufpoliert und gleichzeitig sichergestellt, dass auch ambitionierten Absolventen weltweiter Elite-Universitäten sich erneut vorstellen konnten, für eine Bank tätig zu werden.

Es kam zu einer kraftvollen und gleichzeitig ungeahnten Allianz: Die Woke-Bewegung brauchte Unterstützung und Geld, und die Banken mussten ihren lädierten Ruf wiederherstellen. Plötzlich ging es in Bezug auf die Finanzwirtschaft und ihre Rolle in der Gesellschaft nicht mehr um eine gerechte Verteilung von Reichtum, um sozialen Ausgleich, Honorierung von Lebensleistungen, sondern um Fragen des individuellen Selbstverständnisses und der sozialen Teilhabe. Wenn deutsche Banken sich »Toleranz«, »Fortschritt«, »Vielfalt« und »Miteinander« unter der »Charta der Vielfalt« in ihre Schaufenster stellen (Sparkassen) bzw. die Deutsche Bank »aus tiefster Überzeugung ... den globalen Wandel zu einer nachhaltigen, klimaneutralen und sozialen Wirtschaft«[79] ausruft (CEO Christian Sewing), wenn sie all diese Themen zu ihren Leitmotiven machen, dann wird eher selten danach gefragt, ob üppige Vorstandsgehälter wirklich sozial und nachhaltig sind oder das weiterhin fragwürdige Investments getätigt werden – im Gegensatz zur stetigen Ausdünnung des Filialnetzes und der Tatsache, dass das vor allem für ältere Menschen ein Problem darstellt ... Ob diese Banken das Leben der Menschen wohl ernsthaft verbessern? Abstraktes, aber äußerst vehementes Eintreten für Sinnhaftigkeit und Weltrettung waren ein probates Mittel, um das konkrete Handeln im Tagesgeschäft aus dem Fokus der Öffentlichkeit zu rücken. Dies geschah sicherlich nicht durch böse Strippenzieher, die einen geheimen Plan verfolgten, sondern aufgrund einer universellen Handlungsdynamik, die zunächst von einigen Akteuren als Marketingstrategie verfolgt und schließlich aufgrund ihrer plakativ unterstützenswerten Agenda weltweit übernommen wurde – es sollte im Verlauf dieses Buches deutlich geworden sein: Keine Branche ist ähnlich gedanklich uniform wie ausgerechnet die Kreativbranche.

Es geht um Geld, stupid!

Auch wenn viele engagierte Mitarbeiter das soziale Engagement ihrer Unternehmen aufrichtig und mit Herzblut unterstützen und forcieren, so liegen die Wurzeln dieser Strategie, die im Folgejahrzehnt nicht nur die Banken, sondern jede Branche ergreifen sollte, in einer gut gewählten und professionell instrumentierten Ablenkungsstrategie sozial desperater und (ehemals) geächteter Akteure. Der Philosoph Robert Pfaller zieht die gesellschaftlichen Auswirkungen dieser »Ablenkungsstrategie« noch weiter und erkennt eine strukturelle Tendenz. Der Österreicher geht davon aus, dass mit der Aufgabe von Fragen der sozialen Gleichheit im gesellschaftlichen Diskurs bzw. seiner Marginalisierung in der politischen Diskussion das Thema der kulturellen Gleichheit seinen Siegeszug antrat: »In dem Moment, als sich die Einkommensunterschiede wieder dramatisch verschärften und gleiches Recht für alle von den neoliberalen Eliten nicht einmal mehr als Utopie festgehalten wurde, entstand die Propaganda unterschiedlichen Rechts für Diverse.«[80]

Hinzukommt ein weiterer Aspekt: Durch die zunehmende monopolistisch agierende Plattformökonomie und mit Blick auf die typischen Biografien von Werbe- und Kommunikationsprofis wird deutlich, dass man sich des Stigmas der »Indoktrination« entledigen möchte. Zwar versucht man über

4. Kapitel

soziologische und soziodemografische Instrumente, seine eigene Sicht und Lebenseinstellung von der eigentlichen werblichen Zielsetzung zu trennen und bescheinigt sich eine große Empathie und ein noch größeres Wissen um sogenannte Zielgruppen, aber die Werberealität zeigt ein anderes Bild auf. Denn die Tatsache, dass Werbung immer weniger relevant ist und ihre Überzeugungs- und damit Durchsetzungskraft abnimmt, verdeutlicht, wie weit sich Werbung von den Bedürfnissen und Realitäten der Mehrheit entfernt hat. In einer repräsentativen Studie auf die Frage »Vertrauen Sie den folgenden Berufsgruppen voll und ganz, überwiegend, weniger oder überhaupt nicht?« kommen 2017 (eine neuere Studie liegt nicht vor) »Werbeleute« auf den drittletzten Platz mit 25 % Vertrauensanteil – dahinter liegen nur Versicherungsvertreter (23 %) und Politiker (14 %) – Spitzenreiter sind Feuerwehrleute und Sanitäter (96 %).[81]

Darf man die Aufgabenstellung an die Werbung heute noch verbreiten, wie Sir John Hegarty formulierte: »Ich verkaufe ein Produkt. Dies sind die Leistungen, die dieses Produkt ausmacht und jetzt erkläre ich Dir, warum Du es kaufen solltest.«[82] So einfach. Zu einfach und zu profan? Bösartig? Heute stehen Klimawandel, Rassismus oder genderbedingte Privilegien im Vordergrund der Botschaften. Wichtig, aber förderlich für das Unternehmen und damit seine ganz konkrete soziale Verantwortung als Brötchengeber und auch Sinngeber vieler mitarbeitender Menschen? Und wie auch immer die Zielsetzung dahinter sein mag: Unternehmen rücken diese Strategie nicht selbstlos ins Zentrum ihrer kommunikativen Aktivitäten, sondern wollen auf diese Weise Menschen interessieren und ein »gutes Gefühl« vermitteln, das im entscheidenden Moment der Auswahl und des Kaufes so wirksam wird, dass es zum Kauf führen möge. Was ist perfider? Dass Menschen klar und deutlich dazu bewegt werden sollen, ein Produkt zu kaufen und deshalb das Unternehmen manipulativ in das beste Licht zu rücken oder aber Selbstlosigkeit und Engagement prominent zu verdeutlichen, wohl wissend, dass es letztlich darum geht zu verkaufen? All dies noch nicht einmal aufgrund perfider Bösartigkeit, sondern weil der »menschliche Faktor«, der Wunsch, kämpferische Bedeutung zu verkörpern und sozial anerkannt zu handeln, unweigerlich zuschlägt.

Auch weil Produktionsprozesse immer weiter ausgelagert werden, führt dies dazu, dass Unternehmen und ihre Dienstleister die Verbindung zum eigentlichen Produkt und zu den Menschen, die diese Produkte entwickeln und herstellen, verlieren. Vielmehr versteht man sich nur noch als Träger sinnreicher Ideen, also Ideen, die gesellschaftlich für das Gute stehen. Dass damit die Lebensleistungen und Ideen von Ingenieuren, Wissenschaftlern und Tüftlern entwertet werden, die letztlich überhaupt die Existenz eines Unternehmens bedingt haben, wird oftmals vergessen. Es sind eben diese Lebensleistungen und Ideen, die dazu führen, dass Menschen ihr schwer verdientes Geld in eben genau das gewählte – und kein anderes – Produkt investieren. Nicht zufällig, sondern aus Gründen, die vielleicht marginal sein können, aber doch so relevant sind, dass Menschen aus einer Vielzahl von Angeboten eben genau das eine auswählen, das ihnen zusagt. Tempi passati.

Die Menschen haben sich verändert, weiß sogar der CEO von Unilever, Alan Jope, viertgrößter globaler Hersteller für schnelldrehende Konsumgüter: »Wir glauben, dass wir mit unseren Marken für mehr stehen sollten als ihr Haar glänzender, ihre Haut weicher, ihre Kleidung weißer oder ihr Essen leckerer zu machen.«[83] Spätestens aber, wenn man erkennt, dass der nachvollziehbare und legitime Wunsch nach Frauen-Emanzipation, Anti-Rassismus oder Umweltschutz nur Mittel zum Zweck ist, eine mehr oder weniger gelungene werbliche Auflading, dann wird klar, dass diese Form der Werbung nichts anderes ist als das, was sie immer war: Werbung. Die Unilever-Kosmetikmarke Dove gilt bis heute als einer der Vorreiter einer ausgeprägten Diversity-Kommunikationsstrategie (»Initiative für wahre Schönheit«). 2004 revolutionierte Dove mit der Einbindung von Menschen mit »normalen Figuren« die Art und Weise, wie Frauen in der Werbung dargestellt wurden: Statt unerreichbarer Standard-Schönheitsideale sollte »natürliche Schönheit« im Mittelpunkt werblicher Botschaften stehen. Eine ambitionierte Strategie in einem hochkompetitiven Markt, die letztlich erfolgreich war, jedoch nur solange, wie das Unternehmen den Bogen nicht überspannte. So sind die heutigen Dove-Kampagnen und Models im Vergleich zu den ersten Motiven weitaus »standardisierter« und »herkömmlicher« als noch zu Beginn – schließlich hatte man schnell bemerkt, dass sich eine allzu realistische Darstellung der Frauen negativ auf den Verkauf auswirkte und konsequent zurückgesteuert.[84] Man mag verzweifeln, aber von den über einer Milliarde verkaufter Barbie-Puppen (durchschnittlich finden sich in einem Haushalt mit Mädchen ca. sieben Barbie-Puppen) entfällt der absolute Löwenanteil auf die oft kritisierte blonde, blauäugige Puppe, die Malibu-Blondine, mit absolut (unrealistischen) Modelmaßen – unabhängig von der Verkaufsregion. Die seit den 1980er-Jahren angebotenen ambitionierten Sondermodelle, vielfach von der Presse gefeiert, in unterschiedlichen Hautfarben, mit Handicaps oder realistischen Körperformen kommen in Hinblick auf ihre Stückzahl nicht annähernd an das Original heran.

Es bleibt dabei: Kaum etwas ist heutzutage (zumindest in der Öffentlichkeit) weniger gern gehört als der Ausspruch, dass man »Profit« machen will. Dabei ist Profit – leider und zum Glück – der einzige transhistorische und transkulturelle Kraftstoff, der Wirtschaft und Gesellschaft kontinuierlich antreibt. Ohne Profit, also Gewinne, kann ein marktwirtschaftliches Unternehmen nicht überleben. Es ist nicht in der Lage, seine Mitarbeiter (hoffentlich) anständig zu bezahlen. Auch seine Dienstleister profitieren vom wirtschaftlichen

Erfolg: Von den Reinigungskräften, die am Abend die Büros putzen, die Monteure der Lagerhalle, der Imbiss in der Nähe des Standortes. Ein profitorientiertes Unternehmen zahlt in der Regel nicht zu knapp Steuern, von denen ein verantwortungsvoller Staat Schulen baut, Straßen in Ordnung hält und dafür sorgt, dass in der Nacht eine Straßenlaterne brennt, sodass wir nicht gegen die Wand laufen. Profane, aber gute und sinnvolle Dinge, die ein unauffälliges kleines Glück ermöglichen. Mitarbeiter, Zulieferer, Dienstleister, der Staat ... alle leben davon, dass ein Unternehmen so planvoll agiert, dass am Ende mehr Geld in der Kasse bleibt als ausgegeben wurde.

Social Responsability für ein Unternehmen bedeutet daher, so schreibt der Kommunikationsprofi Paul Feldwick:
- Seine Steuern zu bezahlen
- Seine Mitarbeiter anständig zu behandeln
- Seine Lieferanten anständig zu behandeln
- Seine Kundschaft anständig zu behandeln
- Die Umwelt anständig zu behandeln.[85]

Indem Produkte und Dienstleistung mit Sinnhaftigkeit und Attributen »gesellschaftlichen Fortschritts« verknüpft werden, eine krosse Panade aus Sensibilität, wird das Ziel verfolgt, uns zu verdeutlichen, dass unser profaner Kauf nicht nur Beitrag, sondern auch Bekenntnis ist. Der Kauf von recyceltem Toilettenpapier, veganen Gummibärchen, einem Armband aus Ozeanplastik oder »Geisternetzen« (»Jedes Armband ist ein Unikat aus echtem Fischernetz. Erhältlich in den Farben Tasman Sea, Red Sea, Artic [sic!] Ocean und Atlantic Ocean.«) im Rahmen hipper »Industrial Symbiosis«-Konzepte, und das Angebot »Plant Based«-Burger ist ein »gutes Werk« und unterstützt den (wahrhaftig) geknechteten Campesino, die kommende »Urenkelgeneration« oder das inklusive Projekt aus der Nachbarschaft – alles wichtig, aber in den meisten Fällen zwar faktisch korrekt, aber in seiner realen wirtschaftlichen Implikation nur marginal. Monatelang wurde in Deutschland und der Europäischen Union das Verbot von Plastikstrohhalmen (zurecht) gefeiert. 6,3 Millionen Tonnen Plastikmüll pro Jahr werden produziert – allein in Deutschland. Davon entfielen (zweifelhafte) 25 000 Tonnen auf Plastikstrohhalme, das gesamte Verbot von Plastik-Einweggeschirr würde den europäischen Plastikmüll um 0,06 % verringern,[86] eine Kleinigkeit im Vergleich zum Gesamtvolumen, aber in seiner Öffentlichkeitswirkung »eine große Sache«. Die Deutsche Post feierte jahrelang die Produktion eines eigenen Lieferautos, den Street-Scooter, Prestigeobjekt eines innovativen und grünen Logistikdienstleisters. Nach dem Kauf des Produktionsunternehmens stand die globale Ausweitung des Verkaufes auf dem Plan – zumindest in einer PR-geleiteten Presse. Letztlich wurde das Unternehmen mit großen Verlusten 2022 verkauft. Viel Ambition, viel Medienrummel, viel Wunsch und viel Hoffnung: wenig Substanz. Die realen Auswirkungen bleiben meist begrenzt, erfüllen aber einen Zweck: Die eigentlichen Aufgaben einer – wie auch immer gearteten Transformation – werden beruhigt zur Seite geschoben. Warum zieren plötzlich viele Verpackungen ein »Vegan«-Logo, auch wenn es sich um eine verschwindend kleine Gruppe von Kunden handelt (es wäre konsequenter, Produkte mit einem Halal-Logo zu versehen, da dieses eine größere Anzahl an potentiellen Käufern ansprechen würde)? Weil Unternehmen den sog. »Halo-Effekt« nutzen und den »Heiligenschein« einer als bewusst und nachhaltig konnotierten Leistung kostenfrei auf das Produkt transferieren: Latent wirkt in uns das diffuse Pseudo-Wissen, dass vegane Produkte irgendwie »besser« und »bewusster« wären ... es geht nicht um Bekenntnis, sondern um einen wirkungsvollen Überzeugungsbooster. Die gerne vorgebrachte Argumentation lautet: Wir müssen doch mit den kleinen Dingen beginnen. Diese Ansicht mag fatal enden: Genau, weil wir die »kleinen Schritte« als »große Lösungen« präsentieren, findet kein struktureller Wandel statt – es geht ja vermeintlich alles seinen korrekten Weg.

Viele Unternehmen nutzen den Wunsch der Menschen, mit einem Kauf eine »ethische Pflicht« erfüllt zu haben, die Welt zu einem besseren Ort zu machen, ohne dass man wirklich und spürbar seinen Konsum einschränkt oder bequeme Gewohnheiten ändert. Es ist erstaunlich und vermessen: Noch vor gar nicht so langer Zeit mussten Unternehmen gute Produkte liefern oder das individuelle Selbstwertgefühl steigern, heute müssen sie den Menschen das Gefühl vermitteln, dass sie genau das richtige Leben leben. Dieser Anspruch bleibt aber nicht auf den Konsum beschränkt, sondern beeinflusst – aufgrund seiner permanenten Präsenz – das gesamte Handeln: Alles wird nun unter der Prämisse geprüft, ob es die Welt »besser« macht – wobei dieses »besser« klare Vorstellungen von »gut« und »richtig« umfasst. Und so bestimmt der Kauf dann doch die Wirklichkeit: Ich kaufe, also rette ich. Nichts ist einfacher als das, was es ist – alles nimmt für sich in Anspruch, eine – wie sagt der Werbeprofi gerne im Meeting – »holistische Antwort« zu geben. Wir leben in quasireligiösen Zeiten, in denen Codewörter, Symbole, Flaggen, Nischenprotestierende und leidend wie indigniert dreinblickende Talkshowprominente mit gesundem Teint eine genehme Wirklichkeit bestimmen – und die Mehrheitsgesellschaft in ihrer Banalität und Alltäglichkeit im besten Fall ignoriert oder in der Integrität ihrer Positionen herabgestuft wird.

Nudeln fürs Schwulsein

Als der CEO der amerikanischen Investmentbank Goldman Sachs, David Solomon, im Jahr 2020 beim Wirtschaftsgipfel in Davos ankündigte, dass die Bank nur noch in und mit Firmen investieren bzw. zusammenarbeiten würde, die »Diversity« in ihren Entscheidungsgremien sicherstellen würde, nutzte eine Bank ihren fundamentalen Einfluss, um in die politische

Wirklichkeit einzugreifen und die Agenda von privatwirtschaftlichen Akteuren zu definieren. In den Folgejahren sollten viele Banken, aber auch andere Wirtschaftsunternehmen, diese Bedingung umsetzen (müssen). Auch wenn die Intention verständlich sein mag, so verändert diese Entscheidung die Geschäftspolitik von Unternehmen strukturell: Zwar wirkten Kapitalunternehmen stets in Gesellschaften hinein und konstituierten die Lebenswirklichkeit in ihrem Bereich mit, jedoch regulierten sie kaum – in direkter Weise – die übergreifende gesellschaftliche Wirklichkeit. Hier hatte das Diktum von Goldman Sachs massive Auswirkungen ... und zwar ad hoc: Im Folgejahr wurden gut 50 % aller vakanten Geschäftsführungspositionen von S&P-500-Unternehmen an Frauen vergeben.[87] In Windeseile war es einer Bank gelungen, in die Entscheidungsfindung und in das operative Management von Unternehmen einzugreifen. Der Grund war einfach: Goldman Sachs und späterhin andere Banken entscheiden über Geld und nutzen diesen Einfluss aus, um Realitäten zu schaffen und ihre politische Image-Agenda auf Kosten anderer unter politischem Beifall durchzusetzen. Mit dem sog. »Stakeholder-Kapitalismus« geht es also nicht mehr um die konkrete Verantwortung eines Unternehmens in seinem Aktionsfeld für Mitarbeiter, Kunden und die besitzenden Shareholder, sondern um das »große Ganze«. Immer mehr Unternehmen formulieren höchst umfassende politische Statements, die nichts mehr mit Softdrinks oder anderen Lebensmitteln zu tun haben.

Die unternehmerische Logik hat sich umgekehrt: Waren in den Jahren zuvor politisches und gesellschaftliches Engagement von Unternehmen suspekt und unerwünscht, so forderte plötzliche eine ominöse Öffentlichkeit eine klare weltanschauliche Positionierung von Unternehmen zu allen gesellschaftlich relevanten Fragen ein. Neben einer ethischen Komponente, nach der Unternehmen als gesellschaftliche Akteure eine entscheidende Verantwortung trügen, proklamiert der

»Stakeholder-Kapitalismus«, dass es sich um die effizienteste Form des Wirtschaftens handelte, da Nachhaltigkeit die Bedingung sine qua non für jegliche wirtschaftliche Aktivität sei. Die Frage ist jedoch: Inwieweit dürfen Banken, Lebensmittelproduzenten, Papierfabrikanten, Werkzeugmacher, ja jeder vegane Imbiss die ethischen Prämissen einer Gesellschaft bestimmen? Es geht also längst nicht mehr um Fragen eines »verantwortungsvollen Wirtschaftens«, sondern um eine Positionierung von »richtig« und »falsch«, von »erwünscht« und »unerwünscht«. Ethik, so wurde im vorherigen Kapitel deutlich, definiert eine entscheidende Charakteristik: Sie ist kein demokratisches System. Ethik existiert in einem sozialwissenschaftlichen Verständnis nur im Singular, während jede soziale Gruppe, jedes Volk, jeder Kegelclub seine ganz spezifische Moral entwickelt. In der Konsequenz werden Ansichten, die ethischen Grundlegungen kritisch gegenüberstehen oder ihre Inhalte ablehnen, nicht als abweichende, sondern als infame und damit unethische Haltung wahrgenommen. Konsequenterweise ist die Diskussion über Fragen von Umweltschutz, von Diversity oder Partizipation stets eine, die es schwer macht, eine andere als die vorherrschende Meinung zu vertreten. Wer ist schon gerne ein Anti-Ethiker? Spätestens dann, wenn ein Kunde beim Bezahlen an der Kasse unter Zugzwang gebracht wird, indem gefragt wird, ob »man aufrunden« möchte, wird Ethik greifbar. Und dies vor dem Hintergrund, dass ein Unternehmen zwar den Nimbus und den Heiligenschein der Hilfe für sich in Anspruch nimmt und latent wirken lässt, es aber durch seine Kundschaft finanziert wird ...

Besonders schwierig wird jedoch die Frage nach dem politischen Engagement von Unternehmen, wenn deutlich wird, dass damit die öffentliche Willensbildung, also die Frage nach der Gewichtung und der Richtung der gesellschaftlichen Entwicklung nicht mehr demokratisch abläuft: Unternehmen erzwingen durch ihre klare und umfassende Positionierung in vielen Feldern des gesellschaftlichen Lebens eine »Öffentliche Meinung«, die dem Grundsatz der demokratischen Gleichberechtigung aller Bürger (»One Man – One Vote«) gegenübersteht. Unternehmen nutzen ihren Einfluss und ihre (finanziellen) Mittel, um in das Leben und die gesellschaftliche Debatte einzugreifen. Mit welcher Legitimation? Mit welcher Expertise? Mit welchem Mandat? Auf diese Weise gerät die Demokratie in eine gefährliche Schieflage, weil nicht mehr eine gleichberechtigte gesellschaftliche Debatte um Sachthemen stattfindet, sondern von nervösen CEOs unter Beratung abgekoppelter Kommunikations- und Werbeprofis entschieden wird. Diese Abkopplung wird durch die Verschiebung der globalen Kommunikationskanäle und den Wettbewerb um Aufmerksamkeit verstärkt. So betont der Medienwissenschaftler Martin Andree, dass von 1989 bis 2020 der Nutzungsanteil digitaler Medien von 0 % auf 50 % angewachsen und mit den analogen Medien gleichgezogen ist. Mit der Folge, dass die Werbetreibenden mehr Gelder in Kampagnen in die wenigen digitalen Netzwerkbetreiber und Plattformen investierten als in sämtliche analogen Medienträger gemeinsam. Andree extrapoliert auf Basis der vorliegenden Daten die aggregierte Nutzungszeit, wenn man sich vorstellen würde, es gäbe keine analogen Medien mehr und die Welt wäre vollständig digitalisiert. Angenommen, dass 50 % all dieser Nutzungszeit auf die bekannten Giga-Plattformen und ihre Firmentöchter entfallen würde, ergäbe sich folgendes Bild: Alphabet-Konzern Nutzungsanteil 18,6 %, Facebook-Konzern 15,6 %, Apple 8 %, Amazon 3,9 %, Ebay 1,8 %, web.de 1,5 % und Spotify mit 1,3 %. Andree spricht davon, dass das digitale Netz der Zukunft Gefahr läuft, ein (fast) rein monopolistisches Internet zu werden, das die globalen Plattformen in ihrer Funktion als Netzwerkwächter massiv beeinflussen. Denn bereits heute sind die Reichweiten renommierter Medien zwar relativ hoch, aber die Nutzungsdauer ist äußerst gering (beispielsweise *Der Spiegel* als Top-Medium im Internet mit gerade einmal 18 Minuten im Monat). Blogger erreichen nur 14 % aller Internetnutzer (Nettoreichweite). Nur 5 Blogs in Deutschland haben eine Nettoreichweite über 1 %. Selbst Markenartiklern gelingt es gerade einmal in der Spitze der Topscorer, eine Nutzungsdauer von 1 bis 2 Minuten pro Monat zu erreichen – trotz teilweiser dreistelliger Werbebudgets und bestausgestatteter professioneller Mitarbeiterschaft und Analysetools. Die Weltauffassung einer kleinen Elite bedingt nach nicht offenliegenden Algorithmen und sogenannten Traffic Silos, was gefunden und damit gesehen wird. Die Plattformen sichern sich derweil den Traffic des Netzes selbst. Schon längst sei das »freie Internet« keine Realität mehr – umso mehr würden die globalen Digitalkonzerne über »Freiheit«, »Partizipation«, »Transparenz« und »Sharing« schwadronieren, aber eine inhaltlich diametral gegenläufige Agenda durchsetzen.[88]

Es ist bezeichnend, dass Unternehmen, die es wagten sich gegen die politisch-gesellschaftliche Positionierung von Marken auszusprechen und eigene gesellschaftliche Schwerpunkte setzten, sich einem medialen und aktivistischen Fegefeuer ausgesetzten: In den USA war die Fast-Food-Kette »Chick-fil-A« massiver medialer Kritik ausgesetzt, weil deren Gründer sich für traditionelle christliche Werte einsetzte (die Läden bleiben am Sonntag geschlossen, um den Kirchgang und ein familiäres Zusammensein zu ermöglichen) und die gleichgeschlechtliche Ehe kritisch kommentierte. Auch die italienische Nudelmarke »Barilla« geriet 2013 unter Generalverdacht und »ethisches Sperrfeuer«, als sich Vorstandsmitglied Guido Barilla in einem Radiointerview zur »heiligen, klassischen Familie« äußerte, und ausschloss, Werbung mit einer schwulen Familie zu machen: »Ich würde niemals einen Werbespot mit einer homosexuellen Familie drehen, nicht aus Mangel an Respekt, sondern weil wir ihnen nicht zustimmen.«[89] Barilla sagte: »Wenn ihnen unsere Pasta gefällt und unsere Botschaft, ok. Wenn nicht, sollen sie eben andere Nudeln essen.«[90] Und letztlich: »Man kann nicht immer allen gefallen.«[91] Der gesellschaftliche Druck in Zusammenhang mit diesen Äußerungen wurde immens: Boykottaufrufe und Auslistungsdrohungen aus den Supermarktregalen bestimmten die öffentliche Debatte. Zunächst diese Reaktionen stoisch ignorierend machte in der Folgezeit das Unternehmen eine Kehrtwende, die neben Diskussionen mit LGTQ-Organisationen 2018 mit einem spezifischen Verpackungsdesign endete, auf dem zwei händchenhaltende Frauen zu sehen waren.[92] Die Frage ist: Welcher Art war der vermeintliche Schaden, der schließlich dazu führte, dass Barilla seine Position umkehrte? Hatten sich tatsächlich scharenweise Kunden abgewandt und ihre Barilla-Nudeln verschmäht, sie empört in den Müll geschmissen, Regale verwüstet? Oder war es allein ein medial-aktivistischer Druck, der zur Kehrtwende zwang? Beschaut man sich die Verkaufszahlen der Marke, so wird deutlich, dass die Firma ab 2013 nicht mit einem wahrnehmbaren Rückgang der Kaufbereitschaft zu kämpfen hatte. Im Gegenteil: Der Umsatz stieg.[93] Mitnichten war es also so, dass die breite Öffentlichkeit der Nudelkäufer ihre Lieblingsmarke boykottierte, anscheinend kaufte man weiterhin Rigatoni, Farfalle und Makkaroni … Es war (ob man es persönlich mag oder nicht) den meisten Menschen vollkommen egal, was ein Vorstandsmitglied zum Familienbild zu sagen hatte, solange die Pasta al dente auf dem Teller landete. Der vermeintliche Skandal war ein Skandal aktivistischer Gruppen, die sich durch gute Beziehungen zu den weltoffenen und kosmopoliten Vertretern der Medienlandschaft, die stets auf der Suche nach der Aufdeckung von Verfehlungen sind, sich und ihre Anliegen – vollkommen nachvollziehbar – durchsetzten. Der eigentliche Skandal fand in den Medien statt, nicht im Supermarkt. So profan ist das Leben – außerhalb der Welt der Menschen, für die das Aufregen zur Profession gehört.

Warum aber lassen sich die Unternehmen wie beispielsweise Barilla von diesen Nicht-Skandalen ohne wirkliche massenhafte Relevanz derartig einschüchtern, und zwar so sehr, dass sie kaum mehr bereit sind, eigene Positionen zu vertreten (wenn sie es denn überhaupt wollen), die mitunter gegen den Zeitgeist stehen. Die Begründung hierfür scheint wieder einem »ominösen« Erfahrungsschatz zu folgen. Es wird vorausgesetzt, dass für ein Unternehmen gegenüber seinen Investoren nichts gefährlicher sei, als den Eindruck der Unordnung oder Kontroverse aufkommen zu lassen. Manager müssen gegenüber ihren Beiräten und Eigentümern verdeutlichen, dass sie »alles im Griff« haben. Kontroversen und Missstimmungen – und seien sie nur oder eben gerade medial präsent – vermitteln einen gegenteiligen Eindruck und lassen die Möglichkeit offen, dass das Unternehmen in Schwierigkeiten gerät. Diese Schwierigkeiten sind aber meist nicht finanzieller Art hinsichtlich der Resonanz auf die Kundschaft, sondern in Bezug auf Geldgeber und Partner, die ihrerseits Sorge haben, als Financier und Unterstützer eines »problematischen Betriebes« zu gelten und dem Fegefeuer einer medialen »Pseudo-Öffentlichkeit« ausgeliefert zu werden. Gerade weil Banken seit 2008 unter besonderer gesellschaftlicher Beobachtung, aber zum Teil unter Einfluss der Politik stehen (Stichwort: Rettungsschirme der Politik bzw. Mandate in den Verwaltungsräten, z. B. der Sparkassen[94]), demonstrieren Banken und andere Investoren, dass sie nicht gegen die »durchgesetzten und unproblematischen« Leitbilder agieren werden. Auf diese Weise verstärken sich bestimmte öffentlich legitimierte Weltbilder nahezu von selbst und ungemein effektiv und gerade dann, wenn Medien genau beobachten, ob sich ein Unternehmen in dem klar definierten Rahmen von politisch-gesellschaftlichem Aktivismus bewegt. Denn jeder unternehmerische Skandal ist ein Garant für öffentliches Interesse und im besten Fall für orchestrierte Empörung. Eine Möglichkeit für Medien, ihre Funktion als vierte Gewalt im Staate zu exekutieren und für Aktivistenverbände, um ihren Daseinsgrund zuverlässig zu erfüllen. Kein Wunder, dass nur noch eigenfinanzierte Unternehmer oder Unternehmen unter dem Radar sich noch trauen (können), aus dem Schatten einer »Mehrheitsmeinung« hervorzutreten und klare Standpunkte zu vertreten. Dabei soll es nicht um die inhaltliche Ausrichtung gehen, sondern allein um die Tatsache, dass auch mehrheitlich abweichende Sichtweisen ihren Platz im gesellschaftlichen Diskurs haben sollen und dürfen, ohne sogleich als »ethisch verwerflich« gebrandmarkt zu werden. Interessanterweise werden diese Typen heute als »gestandene Unternehmer« hervorgehoben und genießen deshalb mediale Öffentlichkeit, weil sie für ihre individuellen Überzeugungen und Erfahrungen, die über ein »grün und divers« hinausgehen, einstehen.

Bei genauerer Überprüfung wird deutlich, dass sogenannte »Shitstorms« selten und vor allem nicht langfristig negative Auswirkungen auf die wirtschaftliche Performance eines Unternehmens haben. Die »Afrika-Kekse« von Bahlsen wurden nicht weniger verkauft, weil sie latent rassistisch waren, auch »Uncle Ben's« wurde nicht verschmäht. Das mag irritieren und das Bild eines aufgeklärten und rational entscheidenden »Verbrauchers« erschüttern. Jedoch verdeutlicht es, dass Produkten und Dienstleistungen eine übergreifende Relevanz zugebilligt wird, die sie de facto für die meisten Menschen und Kundengruppen niemals hatte und heutzutage auch nicht hat. Vermeintliche Skandale werden offensiv medial verbreitet und gepflegt, aber wenn man Menschen fragt, ob sie sich noch an die damals geplante Versenkung einer Ölplattform in einem norwegischen Fjord, die Orang-Utan-Kampagne gegen Palmöl oder die Schließung eines durch Steuergeld finanzierten Werks für Handyproduktion in Deutschland erinnern, wird es still.[95] Sehr still. Skandale sind oft lediglich Themen für Medien selbst. Willkommene Aufmacher. Sie sind unterhaltsame Hintergrundgeräusch des Lebens, die uns kurz aufhorchen lassen, um uns eines Idealbildes der Welt zu versichern, aber unsere

Gewohnheiten und Routinen (solange die eigentliche Leistung noch stimmt, und nicht gegen fundamentale Regeln des Zusammenlebens verstoßen wird) kaum verändert.

Und doch wirkt die Angst in den PR-gesteuerten Chefetagen: Und so *machen* die agilen (meist jungen) Akteure auf den sozialen Netzwerken, die wiederum von den jungen und agilen Medienvertretern gelesen werden, eine Wirklichkeit, die als solche keine Handlungsresonanz, geschweige denn Breitenwirkung hat. Die aber von den immer gleichen Protagonisten, Aktivisten, Meinungsführern und Publizisten am Laufen gehalten wird, die sich gegenseitig ihrer vermeintlich öffentliche Relevanz versichern, sie abbilden und davon profitieren, dass eine Mehrheit immer noch »gelernten« und vor Zeiten der Digitalisierung bestehenden Wichtigkeiten von Fernsehen, Radio, Zeitungen und Magazinen eine Durchdringungskraft zubilligen, die sie vor dem Hintergrund hochgradig individualisierter und fragmentierter Aufmerksamkeitsmärkte schon längst nicht mehr haben. Gerade dann, wenn es eine »Öffentlichkeit« aufgrund der übermäßig segmentierten und voneinander nahezu abgeschotteten Debattenräume in den digitalen Medien und Plattformen gar nicht mehr gibt.

Unwichtigkeiten und öffentliche Wahrnehmung

Wissen Sie, welche die vertrauenswürdigste Automarke der Deutschen im Jahr 2022 war? Nein, weder Tesla oder ein ultragrünes Mobilitätsstartup (so heißen Autoproduzenten heutzutage), sondern Volkswagen. Aber da war doch was? Ja, im Jahre 2015 wurde der Öffentlichkeit gewahr, dass das Wolfsburger Unternehmen über mehrere Jahre seine Kunden und die gesamte Öffentlichkeit hinsichtlich der Abgaswerte seiner Fahrzeuge getäuscht und betrogen hatte. In der Medien- und Werbetheorie die größte anzunehmende Katastrophe: Eine Marke betrügt. Die sogenannte Imageschaden wäre enorm und die wirtschaftlichen Folgen immens. Rückblick: Im Jahr 2016 verkaufte Volkswagen so viele Autos wie noch nie. Die Statistiker meldeten Verkaufsrekorde. Die *BILD*-Zeitung titelte am 5. Januar 2016 ungläubig: »Trotz Abgas-Skandal – VW verkauft mehr Autos.«[96] Auch in den Folgejahren brach der Verkauf nicht ein und heute ist also dieses betrügerische Unternehmen wieder ein respektables Familienmitglied deutscher, österreichischer und schweizer Haushalte. Dieser Befund ist merkwürdig: Nach allen klassischen soziologischen Regeln der Massenkommunikation und des Marketings hätte die Marke abgestraft werden müssen, aber es geschah ... nichts – zumindest im messbaren Bereich der Verkäufe. Wie ist das möglich? Man mag es kaum schreiben, aber de facto war der Betrug für die meisten Menschen und vor allem die potenziellen VW-Kunden einfach nicht wichtig.

VW ist ein eingängiges, aber frappierendes Beispiel, an dem sich im Bereich von »Öffentlicher Meinung« und »Individuellem Verhalten« exemplarische Mechanismen und Prozesse (unabhängig von Medien- und Marketing-Wunschdenken) aufzeigen lassen. Eine markensoziologische These lautet: VW konnte der Abgasskandal nichts anhaben, weil nicht die kollektiv geteilten positiven Vorurteile hinsichtlich der Marke VW in Mitleidenschaft gezogen wurden. Die wenigsten Menschen kauften zum Zeitpunkt des Abgasskandals und wahrscheinlich bis heute einen VW, weil er besonders umweltfreundlich ist. Viel eher kennzeichnen einen VW bekannte positive Vorurteile wie »Solidität«, »Verlässlichkeit« und ein angemessenes »Preis-Leistungs-Verhältnis« – all dies zusätzlich angereichert durch tief verankerte Stereotype zu »Made in Germany«. Diese Eigenschaften standen aber nicht zur Disposition und wurden nicht beschädigt – die erwarteten Leistungen wurden weiterhin eingelöst. Im Ergebnis waren die Auswirkungen auf die Verkäufe gering (zur Wahrheit gehört auch, dass VW in den Hochzeiten des Skandals die Preise senkte, jedoch schon bald wieder zum bekannten Preisniveau zurückkehrte, was die beschränkte »Nachhaltigkeit« der öffentlichen Irritation zeigt). Gleichzeitig überschlugen sich Kommentatoren, Wissenschaftler und Vertreter von Verbraucherschutz-Einrichtungen und Institutionen, beschrien die massiven Auswirkungen auf die Marke und unkten den »Überlebenskampf« der Wolfsburger herbei. Viel Lärm, wenig reale Effekte.

Eben diese Wahrnehmungsverzerrung ist ein entscheidender Aspekt, wenn es um die Frage geht, inwieweit die typische Agenda der »aktivistischen« Themen tatsächlich relevant für den wirtschaftlichen Erfolg eines Unternehmens ist. Man mag es (erneut) kritisieren und befremdlich zur Kenntnis nehmen, aber für die meisten Menschen haben gesellschaftliche Themen außerhalb von Marketing, Wissenschaft und Politik kaum eine bzw. so gut wie keine Relevanz und schon gar keine Auswirkungen auf das normale Leben. Das normale Leben besteht darin, adoleszente Kinder unter Geschrei und Flüchen von den elektronischen Geräten loszueisen, den grummeligen Kollegen zu ertragen, der sich aufregt, dass man schon wieder früher gehen muss, weil die Lehrerin aus der 7b nochmals unbedingt über den Sohn sprechen möchte (»Was hat er schon wieder ausgefressen?«). Das normale Leben ist, sich zu fragen, was die kleine Hautverhärtung unter der Achsel wohl bedeuten mag, den täglichen Einkauf auf dem Nachhauseweg zu erledigen und den Einkaufswagenchip erneut vergessen zu haben, das nicht genutzte Sportclub-Abo zu kündigen, den Vater anzurufen, bei dem man sich schon lange nicht mehr gemeldet hat. Das normale Leben ist, sich zu fragen, ob der Bus morgen fährt, ob das Ferienhaus für den Familienurlaub wohl noch frei ist, Katzenfutter zu besorgen und sich auf Erdnussflips zu freuen und vielleicht noch das Unkraut im Garten zu zupfen. Das ganz normale Leben, in dem sie sich zweifelsohne eine lebenswerte Zukunft für ihre Kinder und Enkelkinder wünschen, aber im Aufgabengewitter des Alltages versuchen, alle Bälle so in der Luft zu halten, dass alles irgendwie und vielleicht manchmal sogar irgendwie besser funktioniert. Profan? Vielleicht, aber die wenigsten Menschen möchten oder fühlen sich dazu berufen, die Welt aus den Angeln zu heben. Sie verändern die Welt konkret in dem Bemühen, gute Mütter und Väter, Söhne und Töchter, Freunde zu sein. Es sind die kleinen Taten des Alltages, die für Menschen, die eben dieses einfache Machen benötigen, wahre Hilfe und Unterstützung darstellen. Die Erledigung des Einkaufs für einen Nachbarn, Aufpassen auf Kinder, die Fahrt und Begleitung zum Arzt, die für einen älteren Menschen mit viel Unsicherheit und Aufwand verbunden wäre – all das sind keine Revolutionen und bringt keine Preise für »gesellschaftliches Engagement«, keine Schlagzeile in einer Tageszeitung, keine hohen Zugriffsraten und eloquente Kommentare in den sozialen Netzwerken unserer Zeit, aber es sind eben diese Handlungen, die das Leben direkt, unmittelbar und fundamental verändern. Das heißt nicht, dass es falsch oder problematisch wäre, sich nicht mit Größerem als dem eigenen Lebensumfeld zu beschäftigen, aber im modernen Alltag zwischen Beruf, Familie und einem kleinen Stück Selbstbehauptung zu »überleben«, erfordert immer noch für die meisten Menschen, die sich für Kinder entschieden haben, ihre Eltern oder Freunde unterstützen oder ihr Glück in ihrem Arbeitsumfeld finden, sehr viel Energie und immens großes Organisationsgeschick. Zwischen Elternabenden, Deadlines, Ladenöffnungszeiten, Arztterminen, Abendessenkochen, Haareschneiden bleibt wenig, um sich den großen Fragen des Lebens zu widmen. Das mag verstören oder empören, und sicherlich gelingt es vielen Menschen, die Fundamentalfragen von Spezies und Planet zu bearbeiten, aber in der Regel ist es nicht der Fall.

Was folgt, wenn viele Menschen am euphorisch bezeichneten »gesellschaftlichen Diskurs« kaum oder gar nicht teilnehmen (können)? Dass plötzlich die Menschen Meinungsklima und veröffentlichte Meinung bestimmen, die in die eben genannten Lebensmühlen des Alltages noch nicht so allumfassend eingebunden sind, vielleicht weil ihre konkrete Verantwortung vor allem auf sich selbst beschränkt ist. Wer hat in der Regel Kraft und Zeit, sich zu Fragen und Bewandtnissen außerhalb des eigenen simplen Lebenskosmos und über eine engagierte Diskussion am Sonntagsfrühstückstisch hinaus profunde Gedanken zu machen? In der Regel vor allem (und dies ist gut und richtig) eher junge Menschen, die ohne die typischen Verpflichtungen eines Familienlebens, mit Flexibilität in Hinblick auf ihren Beruf oder Wohnort und der entwicklungspsychologischen Einstellung, »sich auszuprobieren«, sich den großen Themen der Welt und des Lebens engagiert widmen können. Junge Menschen sind bereit und offen für Neues, weil sie die Möglichkeit und das Bedürfnis haben, die Welt mit ihrem Esprit und ihren Ideen zu bereichern – und auch dies ist gut und richtig und ermöglicht, dass sich Sozialitäten anpassen und langsam, aber stetig verändern. Je älter wir allerdings werden, desto mehr entwickeln sich Gewohnheiten und Beständigkeiten, die sich aus dem Wunsch ergeben, die Kräfte beieinander zu halten und aus der Erfahrung, das ein oder andere bereits im Leben ausprobiert zu haben, und dies nicht noch einmal machen zu müssen. Revolutionen werden meist nicht von über 60-jährigen initiiert. Auf den Barrikaden des Zeitgeistes stehen meist Menschen mit vollem Haar, gespannter Haut und einem Body-Mass-Index zwischen 18,5 und 24,9 ...

Da – wie beschrieben – die Medienbranche dem »Jugendwahn« verfallen ist und sich (um die Zielgruppe der Jungen zu erreichen), selbst immer jünger aufstellt (manchmal auch aus Gründen, die mit den niedrigeren Gehältern von Jung-Redakteuren zu tun haben) und junge (digitale) Kanäle bespielt, nehmen dementsprechend junge Menschen vor allem andere junge Menschen wahr und verbreiten auf diese Weise ein Bild von der Wirklichkeit, das das reale Erleben der breiten Mehrheit kaum noch integriert – neben allen anderen Verzerrungen, die sich aus der Rekrutierung vor allem gut gebildeter und kosmopoliter Verantwortungsträger mit weitgehend einheitlicher politischer Präferenz ergeben. Es war bezeichnend, dass die deutsche Medienlandschaft sich erstaunt die Augen rieb und um eine Erklärung rang, warum bei der letzten Bundestagswahl 2021 die Erstwähler wie erwartet zu 23 % die Grünen, aber eben genauso stark die FDP gewählt hatten.[97]

Schaurige Faktenkunde

Die Fakten sind eindeutig: In Österreich hat sich von 2005 der SUV-Anteil von 8,2 % auf 43 % im Jahr 2022 verfünffacht. Wie hoch ist der Umsatzanteil von biologisch zertifizierten Lebensmittelprodukten in Deutschland? Es sind 7 % (2022) – Österreich 11,3 % und die Schweiz mit 10,1 %. Wie viele der Deutschen sind Veganer? 1,58 % (2022 – nach Selbstcharakterisierung) Wie viele sind Vegetarier? 7,9 % (2022 – nach Selbstcharakterisierung)? Nimmt die Anzahl von Autos auf deutschen Straßen zu oder ab? 2023: 48,76 Millionen zu 41,73 Millionen im Jahr 2010 (Anzahl der Autos des größten Car-Sharing-Anbieters in Deutschland »Share Now« 2020: 7400). Wollen junge Menschen kein Auto mehr haben? Eine Studie kommt zu einem anderen Ergebnis: »In diesem Jahr sagten 72 Prozent, dass das Auto in Zukunft ihre Mobilitätsanforderungen am besten erfüllen werde – fünf Prozentpunkte mehr als vor einem Jahr. Unter den ganz jungen Teilnehmerinnen und Teilnehmern im Alter von 16 bis 24 Jahren waren es sogar 74 Prozent, elf Prozentpunkte mehr als vor einem Jahr. […] Bus und Bahn sind nach wie vor deutlich weniger beliebt als das Fahrrad und das Gehen: 23 Prozent sagten ›zu Fuß‹, 19 Prozent nannten das Fahrrad, 15 Prozent die Bahn,

11 Prozent den Bus, 10 Prozent Tram und S-Bahn.«[98] Wie hoch ist der Anteil an fairer Textilkleidung? 2018 0,3 % in Deutschland im Jahr 2020 laut Umweltbundesamt.[99] Haben sich Mobilität und Konsum nach Ende der Corona-Epidemie verändert? Die immer gleichen Trendforscher haben uns im familiären Doppelpack wortgewaltige und im Verkauf äußerst erfolgreiche Bücher beschert, indem sie klar aufzeigen, dass die Welt nach Corona eine vollkommen andere sein wird ... Steigt oder sinkt der Plastikmüll? Ich verzichte auf Antworten ... sie drängen sich auf ...

Die aufgeführten Zahlen mögen überraschen. Versucht man die »Stimmung in der Gesellschaft« nachzuempfinden, dann entsteht vielfach der Eindruck, dass wir uns bereits in einer fundamentalen sozialen, ökologischen und wirtschaftlichen Transformation befänden und Autofahren, Einkaufen und Fleischessen nur noch von bösartigen, unsensiblen, renitenten und unverbesserlichen Homunkuli bei ausgeschaltetem Licht »praktiziert« wird. In fortlaufender medialer und werblicher Dauerberieselung, die fast ausschließlich Vorkommnisse mit sogenanntem Nachrichtenwert aufgreift, also all dem, was nicht der (langweiligen) Normalität entspricht, entsteht ein sich ausbreitendes Mosaik einer Realität, die es – außer auf den Bildschirmen – in dieser Relevanz gar nicht gibt. Das erinnert an die Werbestrategie der Losbuden auf einem Jahrmarkt: Auch wenn man in der Regel mit einer verbogenen Plastikrose nach Hause wankt, so strahlen einen in der bunten Auslage menschengroße Plüschteddybären an.

Hinzukommt ein weiteres in der Öffentlichkeit kaum diskutiertes Phänomen, das seit vielen Jahrzehnten bekannt ist und heute unter einem anderen, internationaleren Namen offensichtlich wird. Die seinerzeit über die Wissenschaft hinaus bekannte Meinungs- und Marktforscherin, Gründerin des Instituts für Demoskopie Allensbach und des Instituts für Publizistik an der Johannes-Gutenberg-Universität Mainz, Elisabeth Noelle-Neumann (1916–2010) veröffentlichte 1980 ein Buch unter dem Titel »Schweigespirale«. Ihre Kernaussage: In der empirischen Meinungsforschung bestehen strukturelle soziodynamische Fehlerquellen, die die Ergebnisse beeinflussen würden. Der Sozialwissenschaftlerin war aufgefallen, dass bei Erhebungen zu Politik und Gesellschaft Menschen bei direkter Fragestellung so antworteten, wie es vermeintlich »sozial erwünscht« war. Das bedeutete: Befragte gaben nicht an, was sie eigentlich dachten, sondern das, was sie in Bezug auf eine soziale Konstellation für vorteilhaft hielten. Sie zensierten sich also selbst und brachten ihre »innere Stimme« zum Schweigen. Die Befragungskonstellation hatte demnach direkte Auswirkungen auf das Antwortverhalten, selbst dann, wenn die Befragung nicht persönlich, sondern anonym durchgeführt wurde. Wenn also real vorhandene, aber unterdrückte Einstellungen nicht mehr öffentlich auftraten, vergrößerte sich kontinuierlich die Lücke zwischen geäußerter Meinung und latenter Einstellung. Existente Meinungen treten in der öffentlichen Wahrnehmung nicht mehr bzw. nur noch reduziert auf, obwohl sie Teil der sozialen Wirklichkeit sind.

Heute wird dieses sozialwissenschaftliche Phänomen im Bereich der Konsumsoziologie als »Attitude-Behaviour-Gap« (Einstellungs-Verhaltens-Lücke, auch Value-Action-Gap oder Say-Do-Gap) bezeichnet. Menschen geben bei Befragungen sozial erwünschte Einstellungen an, handeln aber am Supermarktregal vollkommen anders. So wird in Meinungsumfragen regelmäßig zu Bio-Produkten und fairen Produkten befragt. Die Zustimmungsraten liegen bei 80 bis 90 %. Die realen Werte zeigen aber nur einen Bruchteil davon – siehe oben. Das Textilversandunternehmen Zalando hat eine repräsentative Studie unter dem Titel »It takes two« zur Attitude-Behaviour-Gap durchgeführt, die die Massivität dieses Phänomens aufzeigt. Ein Beispiel aus der Studie: 63 % aller Befragten geben an, dass ihnen die Art der Entsorgung von Kleidungsstücken wichtig sei ... lediglich 25 % beeinflusst dieser Aspekt bei ihrem realen Verhalten tatsächlich. »Ethische Arbeitsbedingungen« halten 53 % für wichtig – 23 % handeln bei ihrer Kaufentscheidung entsprechend. Zum Vergleich: Der Aspekt »Qualität« ist 58 % wichtig und 52 % wählen nach diesem Faktor aus.[100]

Die Politik bezieht sich immer wieder auf veränderte Einstellungen der Bevölkerung und bemüht für viele Entscheidungen in Sachen Klimaschutz den Bezug auf ein »die Bevölkerung will es«. So wurde in einer großangelegten Studie des Bundesumweltministeriums aus dem Jahr 2018 unter dem Titel »Umweltbewusstsein Deutschland«[101] die Einstellungen zu »grünem Konsum« umfangreich abgefragt – leider liegen keine neueren Daten vor. Die Ergebnisse scheinen eindeutig: Die Befragten kennzeichnet allesamt hohe Zustimmungsraten bei der »grünen« Nutzung von Produkten und Dienstleistungen. Kein Wunder, wenn das intendierte persönliche Verhalten direkt abgefragt wird. Hätte man indirekt gefragt, also inwieweit wohl die Mehrheit diese Aspekte konkret anwendet, hätte sich die faktische Relevanz in den Bereich der realen Verkaufszahlen eingependelt. Die Ergebnisse scheinen eindeutig und doch fällt es schwer zu glauben, dass die Mitarbeiter des Umweltbundesamtes den entscheidenden Fehler ihrer Untersuchung einfach übersehen haben: Sämtliche Fragen werden so gestellt, dass die Schweigespirale unbarmherzig zuschlagen musste. Wer würde von sich behaupten, dass ihm Umweltschutz und soziale Sicherung egal oder gar unwichtig sind. Ob wir dann ebenso handeln, scheint mit Blick auf die Verkaufszahlen eher fragwürdig. Frappierend war in diesem Kontext die Erfahrung, dass die hohe Inflation in Deutschland und im gesamten europäischen Raum im Jahr 2023 die Umsätze der in der Regel teureren Bio-Produkte in einem unheimlichen Tempo spürbar reduzierte. Der Jahresumsatz der Biobranche sank – erstmals in der Geschichte dieser so stolzen und erfolgsverwöhnten Branche (ähnlich ist das zurzeit bei den Verkaufszahlen für Elektroautos erlebbar:

nach Wegfall staatlicher Förderungen brechen die Verkaufszahlen ein).[102] Es stellt sich die Frage, inwieweit der immer wieder vorgebrachte Zeitenwechsel bei den Konsumentenentscheidungen verankert ist und nicht doch zur Disposition steht, wenn die Entscheidung »pro oder contra« Bio eine Luxusfrage wird. Wenn bereits die Frage des Kaufs von Bioprodukten für viele Menschen in den sozial abgesicherten und wohlstandsverwöhnten Gesellschaften des Westens an einem höheren Preis entschieden wird und das »grüne Gewissen« abschaltet, dann sollte die Frage gestellt werden, inwieweit Gesellschaften, deren Mitglieder auf einem weitaus beschränkteren ökonomischen Niveau operieren, überhaupt Möglichkeiten, geschweige Interesse an »grünen Produkten« haben werden ...

Man mag über handwerkliche Fehler der zeitgenössische (staatlich initiierten) Empirie mit einem Kopfschütteln jovial hinwegsehen. Problematisch wird es allerdings, wenn auf Basis methodologisch fragwürdiger Studiendesigns veränderte sozioökonomische Ansprüche und politische Steuerungsmaßnahmen antizipiert werden, die jedoch weiterhin lediglich Minderheiten betreffen und keiner gesellschaftlichen Realität entsprechen.

»Die Menschen wollen ...« – wirklich? Mehr Realismus wagen.

Als das Internet langsam, aber stetig nicht nur die Welt, sondern vor allem den Alltag verändern sollte, prognostizierten Kommunikations- und Marketingprofis eine neue Form der Beziehung zwischen Unternehmen, ihren Marken und den Kunden. Fortan würde es nicht mehr darum gehen, die Menschen mit unnützen Botschaften und Versprechungen zu bombardieren, sondern in einen 1:1-Dialog zu treten. Die digitale Technik würde es über soziale Netzwerke möglich machen. Die Vorstellung der Marke als »guter Freund« wurde allenthalben verbreitet, und die Marketingwelt gerierte sich stolz als selbsternanntes Familienmitglied. So kommentierten einige Marketingprofis in der Fachpresse emphatisch: »The future of marketing is love.«[103] Aus schlichten Produkten wurden »Lovebrands«, die sich anschickten, erst Haustiere und bald schon Mutter und Vater zu ersetzen. Dieser Anspruch ist inzwischen nur noch ein hehres Ziel, das zwar aus Gründen der positiven Selbstwahrnehmung und des Vertriebseffektes für Marketing-Dienstleister weiterhin kolportiert wird, aber in der Realität so gut wie nicht vorkommt: Auf 10 000 Einblendungen eines Werbebanners kommen durchschnittlich acht Klicks (wobei ein Klick ein bloßes Betrachten der Anzeige bedeutet). Auf einen 10 000-fach gezeigten Twitter-Post ist die Aktivitätsrate im Durchschnitt drei.

Das Anpassen von Werbebotschaften auf Basis eines soziodemografischen Hintergrundes ist keinesfalls ein Garant dafür, dass Menschen einer Botschaft große Relevanz beimessen. Auch wenn ein ausgeklügelter Algorithmus herausgefunden haben sollte, dass ich mich für Fußball, Brathähnchen und Reisen in die Uckermark interessiere und die Werbungen dementsprechend »anpasst«, so mögen die vorgeschlagenen Botschaften weiterhin irrelevant sein, sofern ich mit dem angezeigten Absender keine Leistungsattribute verbinde. Zwar hat es dann eine Anzeige vielleicht vermocht, Aufmerksamkeit zu schaffen, Ver- und Zutrauen in ein Produkt oder eine Dienstleistung ist aber noch längst nicht entstanden. In Kombination mit Markenbotschaften, die sich immer mehr angleichen oder nur noch ähnliche Themenwelten bespielen und gar nicht mehr auf die Idee kommen zu berichten, was ein Produkt oder eine Dienstleistung leistet, entsteht in der Öffentlichkeit kein klares Bild mehr über ein Unternehmen und seine Marke. In der Folge muss noch mehr Werbung betrieben werden, um überhaupt noch Aufmerksamkeit zu erzielen. Kommunikationsprofis haben ihre eigentliche Aufgabe vergessen bzw. wollten sie vergessen, um nicht mehr über die Langlebigkeit eines Werkzeuges, die Öle eines Schaumbades oder die Anbaugepflogenheiten eines speziellen Hopfens berichten zu müssen und stattdessen wortreich und gut bebildert das Habitat von Orang-Utans auf Borneo thematisieren – obwohl sie noch niemals vor Ort gewesen sind bzw. einen Orang-Utan bisher nur auf Youtube betrachtet haben. Heutige Unternehmen werden nicht aufgrund ihrer Werbung stark, sondern trotz ihrer Werbung ...

Eine Studie der Gesellschaft für Konsumforschung förderte zutage, dass Werbung, die die »Sinnhaftigkeit« ins Zentrum rückt, weniger Aufmerksamkeit erhält als konventionelle Werbung.[104] Die Ergebnisse der Studie gingen unter. Dabei war der Effekt erwartbar: Wenn alle die fast gleichen Thematiken, Bilder, Sprüche und Ziele formulieren und engagiert Menschenaffen retten, schalten wir intuitiv ab – es bedingt keine neue, geschweige denn differenzierte Botschaft. Das Problem ist, dass man die eigentlichen Leistungen, die Ingenieure, Wissenschaftler, Handwerker oder Tüftler über Jahre, vielleicht Jahrzehnte entwickelt, und für die Menschen ihr erarbeitetes Geld ausgeben, für nicht mehr relevant genug hält.

Werbung berichtet nicht mehr, dass man mit einem Tab 12 Kilogramm Wäsche wäscht oder der Brotaufstrich aus Alpenmilch hergestellt wurde ... irrelevant. Wirklich? Ja für den, der sowieso das Produkt nicht kaufen möchte. Äußerst relevant für den, der Wäsche zu waschen hat. Leistung als solche wird als profan, simplizistisch und altbacken gebrandmarkt. Spätestens dann aber, wenn das noch so imagegeladene Produkt nach einmal tragen auseinanderfällt, oder aber ein Lebensmittelprodukt verdorben ist, wird das Image nicht lange überzeugen. Menschen kaufen auch im 21. Jahrhundert noch eine Leistung und keine Träumerei. Wenn aber Leistungen kommunikativ nicht mehr relevant sind, dann können sich sowohl Marken als auch Parteien ein »Lebensgefühl« basteln. Sie sind frei bespielbare Oberflächen, die kurzzeitige Effekte bedingen.

Marken versuchen immer wieder, mit aller Kraft aus der Profanität ihrer Leistungen zu entfliehen. Ein altes, aber bis heute ökonomisch nachwirkendes Beispiel: Die italienische Firma Benetton schockte Ende der 1980er-Jahre mit großen Plakatwänden, auf denen Kinderarbeit, ein blutverschmiertes T-Shirt aus einem Kriegsgebiet oder ein elektrischer Stuhl zu sehen waren ... stets mit dem Logo des italienischen Bekleidungsproduzenten. Der kreative Kopf hinter dieser Kampagne war Oliviero Toscani, heute hochangesehener Grandseigneur der Werbebranche. In seinem Buch »Die Werbung ist ein lächelndes Aas« (1997) legte er seine Auffassung von Werbung dar: »Diese idyllische Welt ist, wie Sie bestimmt bemerkt haben, das künstliche und abgeschmackte Reich der Werbung, die uns seit bald dreißig Jahren verblödet. Schluss damit!«[105] Die gefeierten Kampagnen gelten auch heute noch als Meisterstücke ... in der Werbebranche. Für das Unternehmen bedeutete diese Kampagne ein markentechnisches, aber vor allem finanzielles Fiasko, von dem es sich bis heute nicht wirklich erholt hat. Der renommierte Kommunikationsexperte Klaus Brandmeyer verdeutlichte bereits vor vielen Jahren, was geschieht, wenn Unternehmen ihre »Inhalte« aus sicherlich gesellschaftlich wichtigen, aber für den Kauf irrelevanten Gefilden beziehen: »Daß damit die Menschheit aufgerüttelt und unangenehme Wahrheiten wie AIDS oder Judenvernichtung ins öffentliche Bewusstsein gehoben werden sollen, ist markentechnisch uninteressant. Entscheidend ist die Tatsache, daß erhebliche Mittel, die das Markensystem Benetton für seine Werbung aufbringt, zweckentfremdet werden. Wie edel der fremde Zweck auch sein mag, ein lebendes System nimmt Schaden, wenn seine wesentlichen, insbesondere öffentlichen Lebensäußerungen den genetischen Code nicht mehr enthalten.«[106]

Überall werden treuartige Schwüre in Hinblick auf die Gralsthemen einer aktivistischen Welt verlangt: Selbst ein ganz profaner Früchtetee unter dem Markennamen »Arizona« wirbt glühend mit seiner Unterstützung für den legendären Nelson Mandela auf seiner Packung und schreibt: »Nelson Mandela war der Anführer der südafrikanischen Anti-Apartheid-Bewegung, Verfechter des gewaltfreien Aktivismus, Philanthrop und der erste demokratisch gewählte Präsident Südafrikas. Wir sind stolz darauf die großartige Arbeit des Nelson Mandela Long Walk to Freedom Scholl & Literacy Projekt zu feiern, die schon tausenden von unterprivilegierten Kindern und Mitgliedern der Gesellschaft zu besseren Chancen verholfen hat.« Was genau diese Unterstützung beinhaltet, wird nicht klar. Die fünf Gewinner eines Aktionstages erhalten allerdings einen Jahresvorrat von 12x24 Arizona-Früchteteeflaschen (bei Verfügbarkeit) im Wert von 285 Dollar (teilnehmen dürfen nur Einwohner der USA). Darf man erleichtert sein, dass der menschlich faszinierende Kämpfer gegen die Apartheid nicht noch mitbekommen muss, dass die Produktbezeichnung »African Rooibos Tea« ausreicht, um sein Konterfei und seinen guten Namen zu verwenden?

Die Tatsache, dass die Hinwendung zu Themen politisch-gesellschaftlicher Sinnhaftigkeit so erfolgreich zu sein scheint, ist vor allem das Ergebnis einer wirksamen Selbstkontrolle: Wer ist denn ernstlich gegen die Tatsache, dass jeder nach seiner Façon glücklich werden möge, sofern er sich an geltende Gesetze hält? Wer meint ernstlich, Menschen nach ihrer Herkunft oder Hautfarbe unterschiedlich behandeln zu müssen? Wer ist ernstlich gegen den Schutz unserer Umwelt? Kaum ein verantwortungsvoller und gedanklich ausgeglichener Mensch. Jedoch ist es ein fundamentaler Unterschied, ob diese Grundsätze als gesellschaftliche Haltung in den relevanten Kontexten von Politik adressiert und diskutiert werden oder ob sich Unternehmen dazu bemüßigt fühlen, Diversity und Umweltschutz als spezifische Botschaften auf jeden Frühstückstisch und jeder Plakatsäule zu platzieren oder in jedem Werbespot zu thematisieren. Zumal sich ein grundsätzlicher Zielkonflikt aufdrängt: Entweder, diese Unternehmen machen das nur vordergründig, weil sie sich dadurch positive wirtschaftliche Effekte erhoffen – dies wäre ethisch verwerflich, weil es dann nur ein perfides Mittel zum Geldverdienen ist, oder aber diese Firmen würden eine bestimmte inhaltliche Agenda ohne Legitimation und wirkliche Expertise pädagogisierend in die Welt transportieren und so Öffentlichkeit und Kundschaft erziehen wollen – auch dies wäre ethisch zweifelhaft. Mit welchem Recht? Mit dem Recht wirtschaftlicher Stärke?

Haben wir die Kraft und den Mut, diese Zweifel und dieses Unbehagen öffentlich kundzutun? Dies ist schwierig, denn in der Regel wird die Ablehnung dieser Kommunikationsinhalte durch Unternehmen mit der Ablehnung der intendierten Botschaft gleichgesetzt. Das macht Kritik und Widerspruch nicht nur schwer, sondern kann »soziale Ächtung« in der sich tolerant gebenden Kreativbranche der Werbe- und Kommunikationsprofis, aber auch in der Wissenschaft bedeuten – Toleranz umfasst in der heutigen Realität oft nur eine Seite der Medaille.

Wer es deplatziert und unwürdig findet, dass McDonalds »Diversity« propagiert (aber nur im toleranten Westen und nicht in muslimisch geprägten Ländern), oder sich Hersteller von Drogerieartikeln damit brüsten, dass die Verpackungen zu 80 % recycelbar sind (was aber nicht den Müll als solchen mindert), dass die Schweizer Spülmittelmarke »Handy« (für kurze Zeit – »Limited Edition«!) eine Verpackung aus (wieder einmal) Ozeanplastik verwendet, dass das Wochenblatt *Die Zeit* die ökologische Agenda aufnimmt und unter dem Titel »1m² für eine grünere Welt« dem Magazin eine Samenpackung beifügt, und dass dazumal das Trinken von viel Bier den Regenwald rettet, der befindet sich in Gefahr, als radikaler Ablehner der genannten Herausforderungen der Zeit, als ewig Gestriger, als Ignorant, Schwurbler oder Radikaler wahrgenommen zu werden. Botschaft und Botschafter verschmelzen ungeprüft. Um dieser Gefahr zu entgehen, bleibt es still in der Öffentlichkeit: Werbeprofis und veröffentlichte Meinung interpretieren eben diese Stille als Zustimmung und Veränderung der gesellschaftlichen Realitäten. Wirklich? Mag es nicht ebenso zutreffen, dass wir inzwischen in einem gesellschaftlichen Klima leben, in dem die Kritik hinsichtlich Themensetzungen, Erwartungshaltungen und Meinungspluralität eingeschränkt ist oder (unbewusst) verschwiegen wird. Wir sollten den Satz von George Tabori nicht vergessen: »Jeder ist Jemand.« Und damit auch seine Haltung.

Es geht um Fragen der Toleranz, einer Toleranz, die oberflächlichen Aktionismus und die schmucke Demonstration bestimmter Haltungen noch nicht als Lösung, sondern als zu diskutierende Aufgabe begreift. Stets vor dem Hintergrund, dass es keine unumstößlichen Wahrheiten gibt – auch in der Wissenschaft – und dass selbst die bemühtesten und akkuratesten Wissenschaftler Wirklichkeiten beschreiben ... bis zum Beweis des Gegenteils.

Das alles ist im Kern nicht neu: Der Philosoph Karl Popper bezeichnete Wissenschaft als systematisiertes »irren«. Alles was wir zu wissen scheinen, ist (und bleibt) stets nur Vermutungswissen. Es geht also um Platz für differenziertes Denken und Diskutieren – fernab aller schmissigen Platituden und Empathieerklärungen, die im Kern nur uns, das Milieu derjenigen, die es irgendwie »geschafft« haben, selbst beruhigen und uns in der Ruhe wiegen, dass wir auf der guten, auf der richtigen Seite der Geschichte stehen.

Vielleicht ist der Wunsch, Wahrheiten zu postulieren, ein Relikt des den Deutschen zugesprochenen Hangs zur Gründlichkeit – natürlich nur ein Stereotyp, aber weiterhin überaus wirksam in wirtschaftlichen Zusammenhängen und Überzeugungsstrategien für Produkte »Made in Germany«. Jedoch darf es nicht sein, dass der Hinweis auf die Schwankungsbreite von Wahrheiten als Störung, Aufruhr oder prolitüder Populismus gebrandmarkt wird und zu öffentlichem Ausschluss führt. Zumal es inzwischen einen Mikrokosmos an Profiteuren und Protagonisten einer »ökologisch und gesellschaftlichen Transformation« und ihren vollkommen legitimen Geschäftsmodellen gibt: Organisationen, Stiftungen, Medien, Forschungsinstitutionen, die politisch, medial und werblich-kommunikativ direkt, indirekt und finanziell unterstützt werden. Und so werden vielen dieser Aktivisten Stimme und Redezeit in TV-Sendungen, Radiosendern und Printmedien und auf den politisch-gesellschaftlichen Bühnen unseres Alltages eingeräumt, ohne zu klären, ob sie einen realistischen Querschnitt der Bevölkerung repräsentieren. Kein Wunder, dass das Vertrauen in die Medien immer wieder einer Prüfung unterliegt, und das anerkannte und unabhängige Edelmann-Trust-Barometer für 2023 konstatierte: »Als Treiber für die Polarisierung tun sich global vor allem fehlendes Vertrauen in die jeweilige Regierung, Mangel einer gemeinsamen Identität und systemische Ungerechtigkeit hervor. Hinzu kommen der benannte ökonomische Pessimismus, gesellschaftliche Ängste sowie das Misstrauen in die Medien.«[107]

Die Journalistin Susanne Gaschke schrieb in der *Neuen Zürcher Zeitung* einen wichtigen Kommentar zur Frage, ob sich in Deutschlands politischen und medialen Eliten ein Hang zur Pädagogisierung breit machen würde: »Es gibt eine – vermutlich gar nicht übergroße, aber lautstarke – Schicht von Journalistinnen, Professoren, Kulturschaffenden, Politikern und Beamtinnen, die sehr klare Vorstellungen darüber äußern, wie das Gute Leben, und zwar bitte für alle, auszusehen habe: klimaneutral, geschlechtergerecht, queertolerant, rassismussensibel, coronasolidarisch und in jeder Hinsicht gegen rechts. Wobei die Definition, was als ›rechts‹ zu gelten hat, natürlich bei den Inhabern der Deutungshoheit liegt.« Und weiter: »Wer mit Friseurinnen, Kosmetikerinnen, Kinderfrauen, Marktbeschickern oder Installateuren spricht, bekommt das Bild einer unerträglich arroganten Auftraggeberschaft gezeichnet, die vom richtigen Leben keine Ahnung hat. Und die es trotz aller demonstrativen Wokeness an jeder Sensibilität gegenüber bloßen Bediensteten fehlen lässt.«[108]

Vielleicht ist diese verletzende Arroganz gegenüber anderen Lebensentwürfen eine besondere Triebkraft im unternehmerischen Kontext von Kommunikation, Marketing und Medien, die in ihrem kultivierten und zahlenangereicherten Weltüberblicksverständnis missionarisch die Gedanken der Welt im besten Falle zumindest (mit-)bestimmen möchte.

Keine »versteckte Agenda«, sondern die Logik sozialer Änderungsdynamiken

Der amerikanische Autor Nassim Taleb hat beschrieben, wie es dazu kommt, dass sich Minderheitsmeinungen Raum greifen. Es ist mitnichten so, dass die Themen einer aktivistischen Kommunikationspolitik unbedingt von der Mehrheit der Bevölkerung in Relevanz und Ausrichtung geteilt werden – die dargelegten Verkaufszahlen sprechen dagegen. Nach Taleb ist eine der Erfolgserklärungen aktivistischer Werbekonzepte die sogenannte Renormierung. Im Kern ist damit gemeint, dass es Minderheiten gelingt – bewusst und unbewusst – die Mehrheitsmeinungen in ihre Richtung zu verändern. Konkret wird dies an folgendem simplen Beispiel in Anlehnung an Taleb deutlich: Wir alle kennen wahrscheinlich die Situation, dass zu einem Essen mit Freuden irgendwann die Frage aufkommt, ob man denn »alles esse«? Manchmal stellt sich heraus, dass ein Gast keinen Fisch essen würde (wenn Sie in Berlin oder Hamburg leben und die Gäste unter 35 Jahre alt sind, so wird es stets einen Veganer geben).

In der Folge muss sich der Gastgeber überlegen, ob er nunmehr zwei oder drei unterschiedliche Gerichte kocht oder aber den einfachen Weg wählt und ein Essen bereitet, dass Fisch oder Fleisch vermeidet. Vor allem dann, wenn der Minderheitenvertreter sich weigert, sich der Mehrheit anzuschließen, also kompromisslos bleibt. Diesen Prozess, also die Renormierung, führt dazu, dass Minderheitenhaltungen und -verhalten schließlich durch Mehrheiten übernommen werden. Eigentliche Triebfeder ist das Bemühen der Mehrheit, die Minderheit nicht dominieren zu wollen, sondern Toleranz, Empathie und Sensibilität zu demonstrieren. Eine durchaus positiv konnotierte Eigenschaft des Zeitgeistes. Diese Verschiebung von »Normalitäten« geschieht nicht unmittelbar und rasch, sondern langsam und Schritt für Schritt. Indem schließlich diese neuen Alltäglichkeiten um sich greifen, entsteht der Eindruck eines »Normals«, das de facto gar nicht existiert, sondern auf der Sensibilität der Mehrheit beruht. Dies ist der sogenannte Kipppunkt: Minderheitsmeinungen werden dadurch zu vermeintlichen Mehrheitsmeinungen.

Der französische Physiker Serge Galam, der als Mitbegründer der sogenannten Soziophysik gilt, veröffentlichte 2016 einen Beitrag im renommierten *International Journal of Modern Physics*, in dem er verdeutlichte, dass die Entwicklung öffentlicher Meinungen analog zu naturwissenschaftlichen Phänomenen sich durch quantitative Methoden vorhersagen ließen. Galam hatte in der Vergangenheit immer wieder unerwartete politische Entscheidungen wahrgenommen, die von klassischen Meinungs- und Marktforschungen nicht prognostiziert wurden (Trump-Wahl oder Brexit). Diese »unerwarteten« Entscheidungen wurden zu seinem spezifischen Forschungsfeld. Galam konnte nachweisen, dass in manchen Fällen bereits eine initiale Grundgesamtheit von 20 % der Bevölkerung in der Lage sein kann, die Mehrheitsmeinung in ihrem Sinne zu beeinflussen.

4. Kapitel

Was geschieht also, wenn der Wunsch nach Veränderung vielleicht gar nicht so massiv und revolutionär angereichert ist, wie es sich in der politischen Debatte darstellt; wenn also viele Menschen, vielleicht sogar Mehrheiten – leider Gottes – weder die Notwendigkeit sehen oder den Wunsch haben, Einkäufe, Reisegewohnheiten, die Alltäglichkeiten ihres Lebens zu ändern und Disruptionen eher Wunschdenken als Realität sind (an denen so manche Trendforscher, Agenturen und Innovationsbüros gutes Geld verdienen). Die Antwort ist simpel: Es wird politisch bestimmt. Seit gut 20 Jahren prägen EU-weite Standards zunächst die politische Diskussion und heute das Tagesgeschäft in Unternehmen – unabhängig davon, ob es sich um multinationale Konzerne oder mittelständische Familienbetriebe oder aber Kleinstbetriebe handelt. ESG-Standards stehen für Umwelt (Enviromental), Social (Soziales) und verantwortungsvolle Führung (Governance). Im Vorlauf führten erste Umweltmanagementsysteme und ISO-Normen zu einer Sensibilisierung wirtschaftlicher Prozesse. Interessanterweise führten Unternehmen, deren Aktivitätsbereich seit jeher in Bezug auf seine umweltbezogenen Auswirkungen kritisch betrachtet wurde, diese Vorläufer von Nachhaltigkeitsberichten als erste ein, so zum Beispiel Shell oder Monsanto. Hier galt es, ein schlechtes Image aufzupolieren.

Die Ausrichtung an ESG-Standards ist vor allem für große Unternehmen von entscheidender, wenn nicht sogar vitaler Relevanz: Unternehmen müssen ihre Investoren und vor allem Geldgeber überzeugen und permanent nachweisen, dass sie definierte Prämissen und Standards in den ESG-Feldern erfüllen. Diese Dokumentationen und »Audits«, also reale Überprüfungen, beinhalten im ersten Schritt den Aufbau eines Regulierungssystems, das in Feldern wie Ressourcenverbrauch, Müll, CO_2-Reduktion, Diversity oder Management-Transparenz Standards setzt, misst und überprüft. Die EU hat folgende sechs Ziele, angelehnt an die »Six Principles

for Responsible Investment« der Vereinten Nationen, festgeschrieben:
- Klimaschutz
- Anpassung an den Klimawandel
- die nachhaltige Nutzung und Schutz von Wasser- und Meeresressourcen
- der Übergang zu einer Kreislaufwirtschaft
- Vermeidung und Verminderung der Umweltverschmutzung
- der Schutz und Wiederherstellung der Biodiversität und der Ökosysteme

Seit 2017 sind sämtliche börsennotierte Unternehmen innerhalb der EU verpflichtet, regelmäßige Nachhaltigkeitsberichte anzufertigen. Ausgerüstet mit diesen Kennziffern lassen sich Entwicklungen nachweisen und das zukünftige Management des Unternehmens steuern – mit direkten Auswirkungen auf das gesamte Geschäftskonzept. Schließlich haben Produktionsweise oder die Logistik eines Lieferanten von Rohstoffen Auswirkung auf entscheidende Kennziffern des Unternehmens, das unter Umständen gezwungen ist, auf andere Lieferanten mit einer »besseren Bilanz« auszuweichen. Die Installation von ESG-Standards dringt demnach in sämtliche Managementfelder von Unternehmen ein. Inzwischen ist eine eigene ESG-Welt entstanden, in der sich Spezialisten, Berater, Rating-Agenturen, Prüfinstitute, Finanzinstitute, Berichterstatter (hier findet sich das Who's who der weltweiten Wirtschaftsprüfungsgesellschaften), Software-Programmierer und Anbieter von Nachhaltigkeits-Reportings vor Kunden kaum noch retten können, weil die Bestimmungen derartig komplex und vielschichtig sind, dass es einer eigenen Abteilung bedürfen würde, um die Anforderungen zu erfüllen. Ziel dieser kostspieligen Anstrengungen: ein vorteilhafter ESG-Score auf Basis einer sozial-ökologischen Unternehmensführung. In der Folge bestimmen sich die Konditionen,

in denen ein Unternehmen – je nach dessen Score – Zuwendungen, Unterstützungen, Hilfen oder schlichtweg Kapital an den öffentlichen oder privaten Finanzmärkten erhält – wenn überhaupt bei einem zweifelhaften Ergebnis bzw. bei Nicht-Vorlage eines Audits. Ab 2024 ist die sogenannte EU-Taxonomie für folgende Unternehmen verpflichtend:
- Im bilanzrechtlichen Sinne große Unternehmen,
- Im bilanzrechtlichen Sinne kleine und mittlere Unternehmen (KMU), die kapitalmarktorientiert sind,
- Drittstaatenunternehmen mit 150 Mio. Euro Umsatz in der EU, deren Tochterunternehmen die vorstehenden Größenkriterien erfüllen oder deren Zweigniederlassungen mehr als 40 Mio. Euro Umsatz erreichen

Kleinstunternehmen sind vom Anwendungsbereich ausgenommen.[109]

Diese auf den ersten Blick nachvollziehbaren Ziele einer umfangreichen »Umweltagenda« sind in dieser Form und strikten Umsetzung speziell für »den alten Kontinent« bestimmt und werden außerhalb Europas interessiert, aber durchaus kritisch wahrgenommen. Zweifelsohne sind diese Bestimmungen in Zeiten der Überregulierung, der hohen Abgabenlast und in den meisten Branchen spärlichen Margen eine weitere Herausforderung, um überhaupt noch wirtschaftlich agieren zu können. Viele, vor allem mittelständische Unternehmen sind heutzutage kaum noch in der Lage, ihr Geschäftsmodell stets korrekt durchzuführen, nicht weil sie kriminelle Energien antreibt, sondern weil kein Unternehmen, will es funktionstüchtig bleiben, sämtliche Bestimmungen und Verordnungen kennen, geschweige denn erfüllen kann, zu dem es eigentlich verpflichtet wäre. Von der TÜV-Überprüfung der Schreibtischlampe, einem betrieblich gesunden Arbeitsplatz, der Unfallprävention bis hin zur Datenschutzverordnung von den Betriebsabläufen gilt es eine unendliche Anzahl an Regelungen, Bestimmungen und Gesetzen zu beachten. Nunmehr greifen die ESG-Bestimmungen in die Art und Weise ein, wie ein Unternehmen entwickelt, plant und umsetzt. Welche Rohstoffe von wem woher wie verarbeitet werden – mit dem Ziel, ein Scoring zu erreichen, das den Prämissen der Taxonomie möglichst idealtypisch entspricht.

Auch hier ergibt der Blick über den europäischen Tellerrand durchaus Sinn, denn einige Länder und Regionen arbeiten inzwischen explizit gegen die ESG-Agenda an. So sind die republikanisch regierten Bundesstaaten der USA, wo Banken, die beispielsweise Kohle als Energieträger in ihren Bewertungen negativ beurteilen, auf einer »Strafliste« vermerkt, die letztlich dazu führen kann, dass von diesen Bundesstaaten keine staatlichen Pensionsfonds über ebendiese Großbanken platzieren werden.[110] Auch Länder des sogenannten Südens haben massive Probleme mit den Vorstellungen der EU und unterstellen der Politik eine Strategie, die die Entwicklung des Südens bremst und sogar aushebelt – teilweise wird diese ESG-Orientierung als »neokolonialistisches Diktat« bezeichnet, in dem »europäische Wertvorstellungen« in Bezug auf Umwelt, Soziales und Führungskultur universell verbreitet werden sollen: Europa weiß, was gut für die Welt ist und setzt seine Vorstellungen durch, indem nur noch Unternehmen in der EU direkt, aber indirekt (als Zulieferer) agieren können, die willens und in der Lage sind, die niedergelegten Bedingungen im Rahmen von »Lieferkettengesetzen« zu erfüllen. Selbst wenn dies Unternehmen aus Afrika, Asien oder Lateinamerika versuchen, so sind der finanzielle Aufwand und das damit verbundene Risiko so hoch, dass viele Unternehmen gezwungen sind, ihren Zugang zu den europäischen Märkten aufzugeben, oder aber sie begeben sich in Abhängigkeiten von ihren europäischen Handelspartnern, die beispielsweise neue Maschinen, Rohstoffzugänge oder Arbeitsbedingungen vorfinanzieren.

4. Kapitel

Auf diese Weise greift Europa direkt in die wirtschaftliche Entwicklung des globalen Südens ein, ohne die Besonderheiten und Notwendigkeiten der aufstrebenden Unternehmen zu kennen und zu berücksichtigen. Während Europa 150 Jahre benötigte, um seine industrielle Wirtschaft so innovativ aufzustellen, damit sie sich nun (schmerzhaft) »grün« transformieren kann, sollen dies Unternehmen außerhalb der europäischen Union innerhalb weniger Jahre stemmen. Wenn schon immer neue Regularien und Normierungen geschaffen werden, dann hätte das, wollte man dem Vorwurf entgehen, die südlichen Volkswirtschaften aus den nördlichen Konsummärkten auszuschließen, mit massiven Investitionen und Unterstützungen geschehen müssen. Doch das passiert kaum bis gar nicht und wäre auch nichts anderes als eine politisch gewollte Transformation, die ihre Ursachen nicht in der Ökonomie, sondern in politischen Willensentscheidungen hat. Innovation braucht aber echtes Wachstum, um Betriebe wettbewerbsfähig zu machen und auch die von Migration betroffenen Länder des Südens endlich politisch und sozial zu stabilisieren. Der stellvertretende *Welt*-Chefredakteur Robin Alexander hat dieses europäische Missionierungsbewusstsein prägnant zusammengefasst: »Die Folge: Inzwischen sind China, Indien, Türkei und die Golfstaaten für 50 % aller Investitionen in Afrika verantwortlich. Ohne Lieferkettengesetze. Wir sind blind, drehen uns vor allem um uns selbst, schauen nicht zur Seite und nicht in den Rückspiegel. Die Welt dreht sich weiter, aber nicht mehr um uns.«[111]

Beseelt von uns selbst und unserer Sicht auf die Welt schicken wir uns an, höchst dominant anderen Menschen, Milieus und Staaten zu verdeutlichen, was der richtige Weg für eine gute und bessere Zukunft sei.

Ehrlichkeit und Demut

Wie auch immer man die gesellschaftlichen und makroökonomischen Implikationen des »Stakeholder-Kapitalismus« verstehen möchte, so ist er – ethisch betrachtet – fragwürdig, solange er zwar politische Botschaften formuliert und highjacked, aber auf der Leistungsebene keine realen ethischen Prinzipien durchsetzt und folgt. Es ist löblich, wenn Coca-Cola sich für Diversity und Teilhabe einsetzt. Es stellt sich allerdings die Frage, ob Coca-Cola nicht die Welt konkret verbessern würde, indem es seine Produkte so veränderte, dass es den Zuckergehalt seiner Produkte massiv reduzierte oder aber auf Werbung und Präsenz verzichtete, weil der Konsum von purem Wasser für die Gesundheit breiter (vor allem junger) Bevölkerungsschichten sicherlich gesellschaftlich und individuell vorteilhafter wäre. Könnte Coca-Cola diesen Schritt wagen und riskieren, dass das Unternehmen in wirtschaftliche Schieflagen geraten könnte und sicherlich Mitarbeiter entlasten müsste? Wäre dies unternehmerisch und in der Konsequenz gesellschaftlich verantwortungsvoll?

Die Deutsche Lufthansa bemalte im Rahmen des »Pride Month 2022« einen Flieger in Regenbogenfarben, baute ebenso regenbogenfarbige Sitze ein und feierte die umgetaufte »Lovehansa« euphorisch auf sämtlichen Kanälen. Auf die Frage des renommierten Markenwissenschaftlers Karsten Kilian, ob denn dieses Flugzeug auch in die Türkei oder arabische Länder fliegen würde, antworte die Social-Media-Abteilung: »Hallo, […] manche Reiseziele werden zurzeit nicht geplant (Marokko, Tunesien, Algerien, Ägypten, Irak, Jordanien, Türkei, Libanon, Russland, Aserbaidschan, Ukraine).«[112] Ein Prinzip ist ein Prinzip, wenn wir bereit sind, es uns im Zweifelsfall etwas kosten zu lassen.

Politische Themensetzungen innerhalb der Marken- und Kommunikationspositionierung nutzen Schwächen der

Kundschaften aus und bugsieren die Aufmerksamkeit weg vom eigentlichen Produkt und seinen überprüfbaren Leistungen. Ein Hauch Polemik sei erlaubt, wenn ein Unternehmen wie Amazon sich zwar für »Empowerment-Projekte« einsetzt und großzügig finanziert, und zwar kurz nachdem die fragwürdigen Arbeitsbedingungen der Amazon-Mitarbeiter in den Logistikcentern mediale Aufmerksamkeit bekamen. Nike investiert 40 Millionen Dollar und verpflichtet Colin Kaepernick als Testimonial, um die »Black Community« in den USA zu unterstützen, wird öffentlich gefeiert und sorgt gleichzeitig, wie Vivek Ramaswamy aufzeigt, dafür, dass »arme Inner-City-Black-Kids« schicke Sneaker für mindestens 200 Dollar kaufen sollen.[113] Uber bezeichnet sich selbst als »antirassistisches Unternehmen«, fährt aber ein nach den gebotenen Sozialstandards fragwürdiges Modell.[114]

Es mag irritieren, aber vielleicht ist es das sozial nachhaltigste Engagement eines Unternehmens, dafür zu sorgen, über gute Produkte und Dienstleistungen so verantwortungsvoll zu agieren, dass die Mitarbeiter angemessen bezahlt und ordentlich behandelt werden. Denn dieses Handeln ist zutiefst konkret und an den realen Herausforderungen des Lebens orientiert.

Deutlich formuliert: Starke Unternehmen sind daran interessiert, Profite zu erwirtschaften. Unternehmen dürfen Brunnen bauen, Obstkörbe verteilen, den Masseur in die Firma kommen lassen, an einem Arbeitstag Klassenräume streichen oder die gesamte Welt retten, aber bitte kein Geld verdienen. Vielleicht sogar viel Geld, dass dann – wenn es sich um ein wirkliches sozial engagiertes Unternehmen handelt – anteilig an alle Beschäftigten ausgezahlt wird, die durch ihre vergrößerten Konsummöglichkeiten wiederum anderen Menschen durch ihre Käufe, den Arbeitsplatz und (im besten Fall) ein Stückchen Wohlstand sichern.

Wäre die Hinwendung zu grünen und sozialen Themen für Unternehmen wenigstens wirtschaftlich erfolgssichernd oder sogar profitmaximierend, so könnte diese Strategie zumindest ein möglicher Einsatz im Sinne wirtschaftlicher Verantwortung sein, aber selbst wissenschaftliche Spezialisten sind in Hinblick auf die Auswirkungen einer »sinnhaften Markenpositionierung« zurückhaltend. So schreibt Julia Frohne, Professorin für Kommunikationsmanagement, dass »der aktuelle Stand der Forschung noch nicht sicherstellen kann, dass die Kommunikation des Brand Purpose tatsächlich einen harten Effekt auf Kaufanreiz und Umsatz bietet«.[115]

Wenn wir es denn tatsächlich ernst meinen mit einer gerechteren und ökologischen Welt, dann wäre der Preis viel höher als das, was die Vorhut eines »aktivistischen Kapitalismus« suggeriert. Es wäre eben nicht ein »weiter so«, nur in »grün«, sondern es bedeutete, dass wir uns einschränken müssten. Verzicht massiv. Es geht also nicht um die Frage, ob wir auf fairen Kaffee, Bio-Eier und Butter oder ein Elektroauto umsteigen, sondern um die Bereitschaft, unseren Verbrauch von Kaffee, Eiern, Toilettenpapier, Benzin und Butter einzuschränken, auf einiges sogar ganz zu verzichten und lieber Bus statt Auto zu fahren. Der bemerkenswerte Ökonom Niko Paech nennt dies eine »Suffizienzökonomie«, die gezielt Verbrauch drosselt und einschränkt sowie das Wachstum schrumpft.[116] Unabhängig, ob man diese Sichtweise teilt, spricht Paech ehrlich aus, was eine wirkliche grüne Transformation bedeuten würde und illustriert, dass alles andere nichts anderes wäre als eine harmlose Bestätigung kollektiver Absichtserklärungen und Scheinhandlungen ohne nennenswerte Auswirkungen: »Angebotsseitige Wachstumszwänge werden verstärkt durch kapitalträchtige Produktionsmethoden sowie Unternehmensformen, die eine rücksichtslose Kapitalverwertung begünstigen. Beides kann nur überwunden oder gemildert werden, indem weniger technologieabhängige Versorgungssysteme etabliert werden, die auf mehr Arbeitseinsatz oder einer Mitwirkung von Prosumenten beruhen. Weiterhin erscheint die Genossenschaft als Unternehmensform am ehesten geeignet, sich Profitinteressen zu widersetzen. Dann bleiben noch nachfrageseitige Wachstumstreiber. Diese sind nur über einen kulturellen Wandel zu meistern: Indem Konsumenten darin unterstützt werden, mit weniger Waren auszukommen, diese zu teilen, zu erhalten, zu reparieren und teilweise auch selbst zu produzieren.«[117] Kann das ein Beispiel für die nach vermehrtem Wohlstand für ihre Bevölkerungen strebenden Gesellschaften im globalen Süden sein? Reduzieren kann nur der, der hat ...

Der Großteil der Welt, in China, Indien, in Südamerika oder in vielen Ländern Afrikas, bemüht sich nach einem konventionellen und vollkommen legitimen Wohlstand, wie wir ihn seit mindestens zwei Generationen leben. Glauben wir, dass wir ihnen dieses Bemühen um ein eigenes Auto, eine gut beheizte Wohnung, Früchte zur Winterzeit, eine Urlaubsreise in eine weit entferne Region einfach absprechen dürfen? Glauben wir, dass die Vernunft greift und mit Blick auf kommende Generationen dieses Verhalten und dieses Streben bei Chinesen, Brasilianern, Nigerianern, Indern, Vietnamesen, Indonesiern, Ägyptern und vielen weiteren Menschen unredlich dazu führt, aus dem universellen Kreislauf des »kleinen irdischen Glücks«, der sich nicht nur, aber auch an einem Auto, einem schicken Haus oder einen gefüllten Kühlschrank, also materiellen Dingen manifestiert. Selbst nach einer Sensibilisierung von mehr als einer Generation hängen wir in Europa weiterhin an unseren althergebrachten bequemen Attributen und materiellen Erfolgstrophäen. Psychoanalytisch betrachtet werden feurige Appelle an die Vernunft keine strukturelle Änderung unseres Verhaltens herbeiführen. Der Grund ist nahe liegend: In einer diesseits gewendeten Welt ohne die Aussicht auf ein zweites, viel wahreres »himmlisches Leben«, fokussieren wir den Sinn ausschließlich auf die (wenn alles gut läuft) 80 oder gar 90 Jahre auf diesem Planeten. Unter dem Schlachtruf »Carpe diem« (Nutze den Tag) erfahren wir das Leben in seiner Fülle hier in Echtzeit und wollen unsere Momente auf Erden möglichst intensiv nutzen. Diese Intensivität zeigt sich für die meisten Menschen an den Attributen irdischen Erfolgs: Materielle Güter und Dienstleistungen geben auch weiterhin vielen Menschen das Gefühl, »erfolgreich« zu sein. Denn als soziale Wesen benötigen wir die Spiegelung im anderen, die uns verdeutlicht, dass es »gut« ist. Die wenigsten von uns haben die Größe und Tiefe, ihre Erfolge und Fülle in einem inneren Wachstum, frei von materiellen Gütern, zu erkennen. Das verrät ein Blick auf die Fabrikate, die unsere Straßen bevölkern, die Marken-Kleidung, die wir tragen oder die kleinen und großen Dinge, die wir uns im Alltag gönnen. »Für den Soziologen sind die Himmel niemals leer«, sagte Alexander Deichsel und verdeutlichte damit, dass der Zeitgeist vielleicht die Götter ausgetauscht hat, dass aber Erfahrung, Sinnhaftigkeit und Verwurzelung stets ihre Ankerpunkte suchen. Alle Mahnungen werden ins Leere verlaufen, solange Marken, Produkte und Dienstleistungen Ermöglicher eines »guten Lebens« sind. Die Umpolung der Inhalte eines guten Lebens ist eine Mammutaufgabe, schließlich haben sich die menschlichen Fantasien in Hinblick auf Erfolg noch nie grundlegend verändert. Wir haben keine Erfahrungen. Leider, darf zurecht gedacht werden.

Es ist ein Treppenwitz der Geschichte, dass gerade die Akteure, die einen bilderbuchhaften grün-sozialen Alltag vorleben, unbewusst dafür sorgen, dass die Änderungen eher verhalten sind. Es wird versucht, alles weiterlaufen zu lassen wie bisher – auch indem uns permanent suggeriert wird, es sei doch bereits alles auf dem richtigen Weg. Wenn Werbung und die Kommunikationsabteilungen der Unternehmen antizipieren, dass sich nichts ändern müsse bzw. bereits vieles gelöst sei, indem wir eine heile, schöne und grüne Welt zeigen, dann geschieht etwas, das die »Erbsünde« der Werbung darstellt: Sie gaukelt eine Wirklichkeit vor, die es so nicht gibt. War bisher diese Form der »Verblendung« beschränkt auf bestimmte Produktleistungen oder positive Auswirkungen auf unser Selbstbild, so verstärkt die sinnhafte Aufladung der Kommunikation ein Verhalten, das eben zu keiner Veränderung führt und uns stattdessen in einer gemütlichen Sicherheit wiegt, die nicht nur bequem, sondern für den gemeinschaftlichen Geist einer Sozialität gefährlich ist: Wir postulieren gefällige und edle Selbstbilder und Prioritäten, die für viele Menschen entweder überhaupt nicht leistbar oder von mündigen Bürgern inhaltlich kritisch betrachtet werden. Es geht um Aufrichtigkeit und es geht um Toleranz, es geht darum, dass es nicht nur *eine* Haltung oder Lösung geben kann, solange in jedweder Diskussion nicht die Menschenwürde infrage gestellt wird.

Die kreative Elite ist jung, gebildet und global orientiert – sie ist allerdings eine Minderheit im Vergleich zu den öffentlichen Mehrheiten ohne Stimme und Präsenz, weitab der angesagten Viertel in Hamburg, München, Berlin, Köln, Düsseldorf, Wien und Zürich. Wenn wir von Diversität sprechen, dann sollte es eben nicht nur um eine kulturelle Diversität, sondern auch um Unterschiedlichkeit des Alters und der sozialen Herkünfte, gerade der politischen Einstellungen gehen – ansonsten kommuniziert die Werbung noch stärker mit sich selbst, als sie es ohnehin bereits unternimmt. Wie geht man damit um, wenn halbe Erwachsene die Wirklichkeit bestimmen und die Mehrheit als unwissende, ignorante oder unreife Menschen verstehen, die man Kindern gleich erziehen müsse?

Die Rolle der Kommunikation und der Werbung liegt im Kern darin, Menschen Informationen wahrheitsgemäß, aber durchaus eingängig zur Verfügung zu stellen, damit sie frei entscheiden können, ob eine bestimmte Leistung für sie von Relevanz ist oder werden könnte. Wenn sie eine politische Haltung einnimmt, verlässt sie ihre Position als vertrauenswürdiger Akteur und ihre Kommunikation ist grundsätzlich parteiisch. Nur zu oft erleben wir heute das demonstrative Zurschaustellen einer edlen Tugend – »Virtue Signalling«

nennen es die Amerikaner. Wenn sodann auch klar ist, wie die Niederländer Ingeborg Bloem und Klaus Kempennaars in ihrem Buch »Branded Protest« aus der Sicht von Kommunikationsprofis unaufgeregt beschreiben, dass die Heroen des politischen Aktivismus wie Extinction Rebellion, Pussy Riot, Black Lives Matter oder Peta, um nur einige zu nennen, ihre Strategien mit hochprofessionellen Werbern erarbeitet haben, ja teilweise in ihren Kreisen entstanden sind, dann ist klar, dass sich einige Aktivisten exakt der Kräfte und Treiber bedienen, die sie so vehement ablehnen.[118]

Werbung richtet sich oft nur noch an Werber und an niemanden anderen sonst. Es ist die symbolhafte Versicherung der eigenen Aufgeklärtheit und im Kern nichts anderes als eine borniere und selbstverliebte Darstellung, um sich nicht einer wahrhaften Transformation zu stellen – oder sie, auch das wäre legitim, abzulehnen und nach anderen Formen der Anpassung an eine global vernetzte Welt zu suchen. Verantwortung übernehmen bedeutet Verantwortung übernehmen. Verantwortung ist kein abstrakter Begriff, sondern manifestiert sich an konkreten Handlungen, die wir durchführen, indem wir so agieren, dass wir eingreifen und so Auswirkungen bedingen. Alles andere ist eine gefährliche Hybris.

5. Kapitel

… und ihre Strategien, Instrumente und Glaubenssätze in das Zentrum der Politik, zu den Parteien tragen.

Politik verkaufen:
Wie Politik zu Werbung wurde

Was kennzeichnet also die zeitgenössische Werbung? Fünf Thesen:

Die zeitgenössische Werbung orientiert sich vornehmlich an der Lebenswirklichkeit junger Menschen.

Die zeitgenössische Werbung glaubt an die Überzeugungskraft universeller ethischer Wertvorstellungen, unabhängig von Marke, Segment und Produktgruppe.

Die zeitgenössische Werbung setzt Kundenabsichten mit Kundenverhalten weitgehend gleich.

Die zeitgenössische Werbung wird von einer gut gebildeten, weltläufigen und finanziell weitgehend abgesicherten Elite erdacht und gestaltet.

Die zeitgenössische Werbung begreift als Erfolgsparameter kurzfristige Aufmerksamkeit statt langfristiger Wirtschaftlichkeit.

Es ist nicht neu, dass sich Parteien und politische Akteure der Hilfe professioneller Werbe- und Kommunikationsexperten bedient haben. Als Wiege des modernen werblichen Wahlkampfes gilt die USA. Hier entstand mit der ersten politischen Fernsehspot-Kampagne 1952 unter dem Titel »Eisenhower answers America« der moderne Wahlkampf. Schon bald kam es zu einem »negative campaigning«: Der sogenannte

»Daisy«-Spot von 1964, der zunächst ein kleines Mädchen zeigt, das Blumenblätter zählt und plötzlich von der Einblendung eines Atompilzes unterbrochen wird, um schließlich mit einem friedensstiftenden Statement von Präsidentschaftskandidat Lyndon B. Johnson zu enden. Johnson gewann die Wahlen gegen seinen Konkurrenten Barry Goldwater. Bereits in den Jahren zuvor nutzten die amerikanischen Präsidentschaftskandidaten das neue und aufstrebende Medium Fernsehen, um vor allem faktenbasiert, in der Sache zu überzeugen. In diesem Feld arbeiteten die amerikanischen Parteien von Beginn an mit Werbeagenturen zusammen und nutzten deren strategisches und handwerkliches Know-how. Marketingtechniken wurden auf Parteien übertragen und angewendet.

In (West-) Deutschland fand die strategische Wahlkampfarbeit bis in die 1990er-Jahre in den Parteizentralen statt, die damals noch eine große Anzahl an Freiwilligen direkt steuern konnte. Das »Plakatkleben« war in den Volksparteien CDU/CSU und SPD nicht nur Mittel der Kommunikation, sondern der Gemeinschaftsbildung in den unzähligen Ortsvereinen und Regionalverbänden. Inhaltlich standen vor allem Parteipositionen und Sachthemen im Vordergrund, doch sporadisch sammelte man erste »Erfahrungen« mit personalisierten Wahlkämpfen. So gelang es vereinzelt, politische Persönlichkeiten wie Konrad Adenauer, Willy Brandt, Franz Josef Strauß oder Helmut Schmidt als Vertreter ihrer Parteien in den Fokus der öffentlichen Wahrnehmung zu rücken – bestimmend waren jedoch Sachthemen und die Bestärkung inhaltlicher Parteizuschreibungen. Protagonisten waren stets klar als Vertreter einer Partei erkennbar, ohne deren Unterstützung sie auch keine Durchsetzungschancen gehabt hätten. In den 1990er-Jahren sollte sich diese Haltung strukturell verändern: Enigmatisch in Erinnerung bleibt das Wahlplakat von 1994, als die CDU Großwahlplakate aufstellte, auf denen Helmut Kohl inmitten einer gesichtslosen Menschenmenge zu sehen ist – ohne einen Hinweis auf die CDU oder ein Parteilogo. Die SPD reagierte, indem sie ihren Spitzenkandidaten Rudolf Scharping als Radfahrer, Familienvater oder Wanderer zeigte. Die Politikwissenschaftler Jürgen Falter und Andrea Römmele wiesen bereits 2002 darauf hin, dass zunehmend »Profis aus der Meinungsforschung, der Werbebranche und den elektronischen Medien sowie die sogenannten ›Spin Doctors‹ die Wahlkampfführung«[119] übernehmen würden. Sie prognostizierten, dass bald parteiunabhängige, nur dem Kandidaten verpflichtete Wahlkampfexperten, die bei der nächsten Wahl den einstmaligen Konkurrenten beraten, an Relevanz gewinnen würden.[120] Die beiden Wissenschaftler sollten Recht behalten.

Wenn es eine Differenzierung zwischen einem klassischen und einem modernen Wahlkampf gibt, dann die, welche die Variablen des Erfolges sind. Augenscheinlich ist es das Stimmenergebnis, das ein Spitzenkandidat erzielt – selbst um den Preis, das Profil einer Partei und Organisation dahinter langfristig zu schwächen. Dies wäre eine Folge, wenn über das minutiöse Abwägen und Prüfen von Themen, Positionen und Stilistiken die resonanzstärksten und nicht die parteipolitisch zugeschriebenen Lösungen gewählt werden. Die oft beschworene »Umfragehörigkeit« von Spitzenpolitikern befördert das Anpassen von parteipolitischen Positionen vor dem Hintergrund einer größtmöglichen positiven Resonanz in der Bevölkerung. Der Siegeszug digitaler Medien und angebundener Tracking- und Erfolgsmessungen hat in den letzten 20 Jahren diese Form der Anpassungsfähigkeit eines »politischen Produktes« zunehmend begünstigt. Falter und Römmele schrieben weitsichtig: »Wie in der Konsumgüterwerbung muss in einem komplizierten Prozess der Wechselwerbung das Produkt, also der Kandidat und sein Programm, den Wünschen der Verbraucher angepasst und umgekehrt der Konsument von der Qualität des eigenen Produkts (und der Minderwertigkeit aller Konkurrenzprodukte) überzeugt werden. Die

Versuchungen des Zielgruppenpopulismus sind dabei groß, seine Gefahren nicht zu unterschätzen. Kandidaten, die den Wählern zu sehr nach dem Munde reden, werden zu Recht als Populisten gebrandmarkt, Parteien, die vor der Wahl das Blaue vom Himmel herunter versprechen, um dann im Falle eines Wahlsieges angesichts finanzieller und struktureller Zwänge doch die alte, graue Politik weiterzuführen, fördern die Politikverdrossenheit und zerstören auf Dauer das Vertrauen in die repräsentative Demokratie.«[121]

Diese Form der punktgenauen und kritisch kommentierten Wahlgewinnungsarbeit haben allerdings nur Sinn, wenn bisher bestehende Parteienneigungen in der Auflösung begriffen sind oder eine hohe Anzahl an Nichtwählern existiert – eine Folge der schwindenden Relevanz traditionellen Bindungen und ideologischer Prägungen von Lebens- und Sozialmilieus. In der Tat sind heute nur noch 25 % aller Wähler Stammwähler, so eine Studie der Konrad-Adenauer-Stiftung aus dem Jahr 2021; diese Menschen wählen stets und ohne Ausnahme »ihre« Partei – unabhängig von Kandidat und Programm. Stabil ist allenfalls die Zugehörigkeit zu politischen Lagern – innerhalb dieses Lagers werden allerdings unterschiedliche Parteien und Kandidaten bevorzugt. Waren bis in die 1970er-Jahre hinein die Parteienpräferenzen nahezu ein Automatismus von dem Hintergrund einer Melange von Ausbildung, Berufsbild, Religionszugehörigkeit und geografischer Region festgelegt, so ist heute die Wahl einer Partei zum großen Teil mit kurzfristigen Positionierungen oder der Sympathie für einen Kandidaten verbunden. So wie wir uns im Supermarkt ein gefälliges Produkt nach unserem Geschmack suchen, so wählen wir am Tag X das politische Angebot, das uns zusagt. Vor allem der Kandidat ist spätestens mit dem telegenen Duo Gerhard Schröder und Joschka Fischer zum Medienereignis geworden.

Als Zäsur eines »modernen Wahlkampfes« gelten dementsprechend die Aktivitäten der SPD, die sich bei der Clinton- und Blair-Administration Ende der 1990er-Jahre über modernes »Campaigning« informierten. 1998 arbeitete die SPD erstmals im Rahmen der sogenannten Kampa, einer fokussierten Strategie- und Organisationseinheit im Bundestagswahlkampf. Politologen halten ihn für den ersten Wahlkampf der SPD, der außerhalb der traditionellen und durchgesetzten Parteiorganisation mit Hilfe professioneller Werbe- und Kommunikationsagenturen organisiert und gemanagt wurde (ähnlich dem sogenannten »War Room« des Clinton-Wahlkampfes 1992). Der Politikwissenschaftler Honza Griese hielt vor gut 20 Jahren fest: »So galt es aber auch noch 1998 als Novum, dass die SPD mit der Hamburger Kreativagentur KNSK/BBDO einen Partner beauftragte, der keine Erfahrung mit politischer Werbung hatte.«[122] Noch heute ist der als »Jever-Spot« bezeichnete SPD-Bundestagswahlspot mit Gerhard Schröder in der Werbeforschung aktuell, da er in zugänglicher Weise verdeutlicht, wie ehemals produktspezifische Motive und Stilistiken von Parteien aufgegriffen wurden.

Die Kampa gilt als Mutter des modernen Wahlkampfes in Deutschland. Sie selbst sollte zu einem Werbeinhalt werden. Eine fokussierte Imagearbeit zugunsten einer modernen Partei, die damit – gut sichtbar – begann, den Hauptsitz der Kampa aus der Parteizentrale (»die Baracke«, so hieß das Erich-Ollenhauer-Haus) in ein Nebengebäude zu verlegen, an dem eine überdimensionale Uhr rückwärtslief und anzeigte, wann Helmut Kohl das Kanzleramt würde räumen müssen. Die Kampa selbst wurde zur Botschaft. Die Kampa wirkte 1998 und 2002, pausierte dann und wurde 2009 reformiert reaktiviert.

Fortan sollten sich andere Parteien an dieser Form des Wahlkampfes orientieren und arbeiteten strategisch und planerisch mit Werbeagenturen zusammen. Dabei handelt es sich nicht um eine kontinuierliche Kommunikationsbegleitung, sondern um eine punktuelle, anlassbezogene Kampagnenarbeit im Rahmen von Wahlkämpfen. Mit Blick auf die letzten beiden Bundestagswahlen 2017 und 2021 agierte das Who's who der Werbelandschaft als sogenannte Lead-Agenturen (also strategische Leitungen) an der Seite der Parteien. 2017 nutzte die CDU die bekannten Hamburger Werber von Jung von Matt, während die SPD auf die nur weniger Kilometer entfernt beheimateten Profis von KNSK setzte. Die Grünen stellten ein Team aus nahestehenden Experten zusammen, die FDP engagierte die Berliner Agentur Heimat und die Linke arbeitete mit der kleinen, ebenfalls Berliner Agentur DiG/Trialon zusammen. Die AfD musste sich in die Schweiz bemühen: Die dortige Agentur Goal verantwortete die werblichen Aktivitäten. In Österreich scheinen vor allem Agenturen das Rennen in der Gunst der Parteiführungen zu machen, deren Geschäftsführungen den Parteien nahesteht.

2021 rückte die größte inhabergeführte deutsche Werbeagentur in den Fokus der Parteien: Die Hamburger Agentur Serviceplan mit ihrer spezialisierten Organisationseinheit »Public Opinion« (Eigencharakterisierung auf der Website: »Wir helfen unseren Kunden beim kreativen und strategischen Umgang mit der öffentlichen Meinung.«) übernahm die Leitung des CDU-Wahlkampfes mit Beteiligung der Hamburger Agentur Thjnk. Die SPD setzte ebenfalls auf Hamburger: brinkertlück, die auch in der Folge die SPD im Bereich Strategische Beratung und Digital Campaigning begleiten sollte (Eigencharakterisierung: »Werteagentur für gesellschaftliche Kommunikation, Sport & ökosoziale Transformation«). Die FDP blieb bei Heimat. Die Grünen gründeten auf Basis ihres Expertenteams erneut eine eigene Agentur unter den Namen Tor 1, und auch die Linke blieb bei der Agentur DiG. Die AfD arbeitete mit der Werbeagentur Re:public Relations zusammen, die aber nach Information des Werbebranchenmagazins *Horizont* in keinem Handelsregister zu finden war. Die Wahlkampfbudgets betrugen für die CDU 20 Millionen Euro, die CSU (geschätzte) 10 Millionen Euro, die SPD mit

15 Millionen Euro, die Grünen mit mehr als 10 Millionen Euro, die FDP mit 6 Millionen Euro, die Linke mit 6,8 Millionen Euro sowie die AfD mit 5 Millionen Euro.[123] Insgesamt 72,8 Millionen Euro Werbebudget sind zwar im Vergleich zu den Budgets der Konsumgüter- und Autoindustrie nicht üppig, aber zumindest eine interessante Summe, zumal das Feld der politischen Kommunikation in Zusammenhang mit regionalen Wahlkämpfen ein kontinuierliches Volumen garantiert.

Dieses Investment ist erstaunlich, da bis heute die Wissenschaft das Potential von Wahlwerbung in Bezug auf die Entscheidungsfindung zugunsten einer Partei als sehr begrenzt betrachtet. Die Konrad-Adenauer-Stiftung förderte in einer repräsentativen Studie zutage, dass gerade einmal ein Drittel aller Bürger den Wahlkampf für interessant hält. Wenn überhaupt etwas von den Aktivitäten wahrgenommen wird, dann vor allem Plakate (neudeutsch: Out of Home) und Briefe – 92 % der Menschen erinnern sich an Plakate und 65 % an Briefe (übrigens ein Anteil, der auch vor dem Hintergrund der digitalen Medienrevolution stabil bleibt – ganz im Gegensatz zur schwindenden Relevanz von Printmedien). E-Mails mit Wahlwerbung registrieren gerade einmal 5 %. Wie allerdings die genauen Auswirkungen auf das Wahlverhalten sind, können bis heute weder Meinungsforscher, Werbeprofis geschweige denn Politiker genau benennen. So endet die Analyse mit folgender Aussage des Studienleiters und Autors Jochen Roose: »Wie diese Wahlwerbung die Menschen genau beeinflusst, lässt sich mit dieser Studie nicht sagen – und auch anders angelegte Studien werden größte Schwierigkeiten haben, einen entsprechenden Einfluss zu beweisen oder zu widerlegen. Die Wahlentscheidung hängt von vielen Aspekten ab, die Menschen sind sich zum Teil selbst unsicher und entscheiden sich kurzfristig noch einmal anders. Während die Grundstrukturen von Wahlentscheidungen recht gut bekannt sind [...] ist der Einfluss einzelner Maßnahmen der Wahlwerbung auf die Entscheidung kaum zu ermitteln.«[124]

Diese grundsätzliche Betrachtung politischer Werbeaktivitäten macht deutlich, dass Parteien seit Ende der 1990er-Jahre auf die Expertise, Strategien und Konzepte der klassischen Werbewirtschaft setzen, wobei sich auch die Agenturen durch spezielle themenfokussierte Ausgliederungen und Erfahrungsreferenzen spezialisiert haben. War bis vor 25 Jahren die Einbindung von »externen Dienstleistern« unüblich, bezeichnen Generalsekretäre ihre Parteien nicht nur selbst als Marken und beschwören immer wieder »den Markenkern« ihrer Partei. Folgerichtig werden professionelle »Markenmacher« in den Kampagnenprozess integriert. Weiterhin suggeriert die Einbindung von Werbeagenturen den Nimbus von Modernität und Innovation und greift damit den Wunsch von Unternehmen und Parteien auf, in einem möglichst »jugendlichen Ambiente« und Wirkungsfeld zu erscheinen.

Was fällt auf? Parteien haben sich über lange Jahre vor allem auf die großen Player der Branche spezialisiert, die für ihren kreativen Geist à la Cannes berühmt sind. Die Einbindung der SPD-Agentur brinkertlück mit circa 60 Mitarbeitern ist dabei eine auffällige Ausnahme und mag auch verdeutlichen, dass sich Parteien vor dem Hintergrund mangelnder Erfahrungen zunächst die »bekannten Namen« wählten, sich nunmehr trauen, kleinere Kommunikationsprofis einzubinden. Jedoch: Parteien sind nicht unbedingt agenturtreu. So begleitete die Agentur brinkertlück vor dem Zuschlag der SPD 2021 den Europawahlkampf der CDU.

Wie verläuft der Auswahlprozess einer Werbeagentur? Parteien schreiben in der Regel ihre Kampagnen aus, um die sich Werbeagenturen bewerben (»pitchen«) dürfen bzw. die sie zu einem Vorstellungstermin einladen. Ein Pitch verläuft folgendermaßen: Ein Erfolgsziel wird durch die Partei benannt (in der Regel ein bestimmter Anteil an Prozentpunkten) und den Agenturen vorgestellt – eine inhaltliche Definition findet nicht statt. Die Agenturen ziehen sich zurück und zeigen respektive verdeutlichen ihr Vorgehen und ihre Lösungen zur Zielerreichung in einer Präsentation mit Arbeitsproben. Schließlich wählen dann der Parteivorstand, die Generalsekretäre und der Spitzenkandidat die (ihrer Auffassung nach) beste Lösung aus. Jetzt entscheidet sich eine Partei für die Agentur, mit der sie zusammenarbeiten wird.

In der Folge werden ereignisorientiert die Kommunikationsinhalte und die Gestaltungsrichtlinie festgelegt. Die politische Kampagnenkommunikation kennzeichnet dabei ihre inhaltliche Flexibilität – gerade vor dem Hintergrund der massiv bespielten (aber nach Studien relativ wirkungslosen) digitalen Kanäle. Schließlich gilt es, auf aktuelle Ereignisse oder Äußerungen von Konkurrenzkandidaten zu reagieren. Letztendlich richtet sich die Wahlkampfkommunikation an die wenigen Wähler, die bis kurz vor der Wahlentscheidung noch nicht wissen, welcher Partei sie ihre Stimme geben möchten, so dass hier ein tagesaktuelles Vorgehen umso wichtiger erscheint. Selbst wenn dieser Wahlanteil gerade einmal 5 % der Gesamtwählerschaft umfasst, so macht das Ergebnis der Bundestagswahl 2021 deutlich, wie entscheidend eben diese 5 % sein können: Die SPD und CDU/CSU trennten schließlich gerade einmal 1,6 % oder 777 136 Zweitstimmen.

Die bereits erwähnte Agentur brinkertlück nutzte geschickt das Wissen um Beharrlichkeiten und die Macht der Gewohnheit – eine rühmliche und erfolgreiche Ausnahme. Der Gründer Raphael Brinkert, bis 2020 Mitglied der CDU, die er aus Protest gegen die Kemmerich-Wahl in Thüringen verließ, gehörte aufgrund seiner Biografie zu den präferierten Partnern des damaligen SPD-Generalsekretärs Lars Klingbeil. Schließlich bestand der Kern der CDU-Wählerschaft aus ca. 13 % überzeugten Merkel-Anhängern. Was also Merkel zur Kanzlerin gemacht hatte, könnte auch Scholz zum Kanzler machen. Wer die Gruppe der Merkelianer gewinnen würde, hatte gute Chancen auf einen Wahlerfolg. Kanzlerin Merkel hatte es in Anbetracht von Krisen und Katastrophen (Corona war weiterhin präsent) vermocht, vielen Deutschen das Gefühl von unprätentiöser Sicherheit zu vermitteln. Was läge also näher, als den Kanzlerkandidaten Scholz am kommunikativen Know-how der 2019 im Europawahlkampf für Angela Merkel eingesetzten Agentur zu partizipieren? Brinkert, der seine Agentur als vor allem intrinsisch motiviert sieht und seine Tätigkeit allen Parteien der Mitte und nicht den politischen Rändern bereitstellen würde, wurde schließlich im Januar 2021 SPD-Mitglied und übernahm die Wahlkampf-Kommunikation mit seiner im Vergleich kleinen Agentur. Ganz im Gegensatz zur üblichen »neuen« und »innovativen« Wahlkampfkommunikation setzte die Agentur auf »Ruhe« und »Klarheit« bei größtmöglicher Vereinfachung der Aussagen. Grundsätzliche Strategie: Bekenntnis zu den Kernwerten und positiven Vorurteilen in Bezug auf die SPD.

Gesetzt war die programmatische Begrenzung: Die Partei macht das Programm, und die Aufgabe der Agentur ist die kommunikative Verdichtung. Die Agentur wurde nach Erfolg bezahlt. Bei Erreichung eines bestimmten Prozentpunkteanteils stieg Prozent für Prozent das Honorar der Agentur ... schließlich, so bekannte Brinkert, habe es sich für seine Werbeagentur gelohnt. An dem Ziel, die SPD in einer Dekade zu einem sogenannten »Love Brand« zu machen, hält man weiterhin fest. An diesem Beispiel wird deutlich, dass die Wahlerfolge von Angela Merkel und des Wahlkampfes für Olaf Scholz vor dem Hintergrund einer Überzeugungsstrategie erfolgten, die nicht dem üblichen Marketingdenken entsprachen und von einer kleineren und vom konkreten Erfolg abhängigen Agentur eher umgesetzt werden können als von Netzwerk-Agenturen, die nicht von einem einzelnen Kunden abhängig sind. Übrigens bekannte Brinkert, dass er das Programm der SPD bis heute nicht gelesen habe.

Nichts an diesem Vorgehen ist ehrenrührig. Klar ist aber auch, dass die Überzeugungsarbeit für Parteien stets den demokratischen Regeln unterliegen muss. Auch ist gegen eine kommunikative Professionalisierung der politischen Überzeugungsarbeit nichts einzuwenden. Im Gegenteil: Es wäre fatal, wenn die Politik (wie über lange Zeit) es nicht versteht, Menschen zu erreichen und zu einem Engagement (und sei es lediglich die Beteiligung an Wahlen) zu bewegen. Nur zu oft waren staatliche Akteure gleichsam in ein umfassendes »grau« gehüllt. Alles, was die Demokratie aufwertet und ihr eine attraktive Gestalt gibt, ist gut und hilft uns, die Demokratie als lebendes System zu vitalisieren. Es ist gut, dass sich die Ideenfindung für politisch-gesellschaftliche Entscheidungsfindungen gestalterisch und ideentechnisch auf einem ähnlichen Niveau abspielen wie für Kaugummi, Backwaren und Zahnpasta. Sie müsste sogar besser sein – schließlich geht es um nicht weniger als die Art, wie eine Demokratie gestaltet wird.

Jedoch stellen sich Fragen, die das Wesen und die Prozesse der Meinungsbildung betreffen. Wahlkämpfe kennzeichnet, dass sie das Profil einer Partei fokussieren müssen, um klare Abgrenzungsmöglichkeiten und Botschaften zu verbreiten und im besten Fall in den Köpfen der Menschen zu verankern. Als Aussagen sind diese Botschaften schließlich Teil des kollektiven Gedächtnisses. Ist diese Form der Positionierung in einer hochkomplexen Welt ohne klare Antworten überhaupt noch legitim? Inwieweit wird eine Lösungskompetenz suggeriert, die heutzutage überhaupt nicht mehr möglich ist, vielleicht sogar gar nicht mehr erwartet wird? Werbung hat die Aufgabe, eben diese Überspitzung, die für eine erkennbare Leistung im Kommunikationsgewitter entscheidend ist, herauszuarbeiten und zu verstärken. In einem politischen Kontext kann eine solche Haltung den Glauben an die Demokratie und ihre Vertreter allerdings schwächen. Denn über kurz oder lang wirken viele

Botschaften vor den Herausforderungen unserer Zeit nur noch inhaltsleer und unerreichbar. Sie diskreditieren ihre Urheber über mittlere und lange Sicht. Oder: Die Aussagen der Parteien diffundieren ins Nichts ... man erinnere sich an die Slogans zur Bundestagswahl 2021. Die CDU sprach von »Deutschland gemeinsam machen«, während die SPD immerhin ein Kernversprechen ihrer Programmatik aufgriff und duzend betonte: »Soziale Politik für Dich«. Die Grünen dagegen wollten Aktivität demonstrieren und behaupteten: »Bereit, weil Ihr es seid.« Und die FDP kam über ein vieldeutiges »Jetzt« nicht hinaus. Dies wäre einen possierlichen Kommentar wert, ist aber nicht weiter von Belang. Der Journalist Markus Feldenkirchen hat in seinem erhellenden Buch zum Bundestagswahlkampf von Martin Schulz 2017 auf ein entscheidendes Problem der Kampagnenorientierung hingewiesen: »In der Politik werden Bauchgefühl und innere Überzeugung zunehmend durch Demoskopie ersetzt. Es gibt kaum noch Forderungen, Strategien, Kandidaten, die nicht zuvor auf ihre Gefälligkeit geprüft werden. Parteien beauftragen Institute damit, die Popularität einzelner Positionen oder Personen in Meinungsumfragen oder bei sogenannten Fokusgruppen zu testen. [...] Die Folgen der demoskopiegesteuerten Politik sind problematisch. Erstens lässt sich für vor- und zurückgetestete Positionen kaum noch große Leidenschaft entfachen. Zweitens nähern sich Parteien, wenn sie alle den gleichen Ratgebern vertrauen, in ihrer Programmatik zwangsläufig an, was beim Bürger den demokratiegefährdenden Eindruck hinterlässt, dass alle Parteien gleich sind.«[125]

Die Auswirkungen sind jedoch noch umfangreicher. Die politische Kommunikation hat sich von ihren Programmatiken in der Mitte des politischen Spektrums weitgehend abgelöst, denn sie basiert auf einer Weltsicht, die stark von den Milieutypen geprägt ist, die die heutige Werbelandschaft anzieht: jung, urban und gut gebildet. All die in diesem Buch aufbereiteten und dargelegten Besonderheiten der Werbebranche finden im Wirkungsfeld politischer Kommunikation ebenfalls statt und beeinflussen nicht nur die Art und Weise, wie Politik heute auftritt, sondern (zumindest in Ansätzen) auch die Themen, die für relevant gehalten werden. Es ist zu befürchten, dass dies nicht die Themen sind, die für die Mehrheit der Bevölkerung und die Kernklientel der Parteien relevant sind – das gilt vor allem für die Volksparteien CDU/CSU und SPD. Denn wieder wirkt der Kardinalfehler der modernen Kommunikation: Aufmerksamkeit und Markenstärke werden verwechselt. Was mich aufmerksam macht, muss noch lange nicht relevant für mich sein. Dabei ist die Politik besonders anfällig für eine Kommunikation, die aufmerksamkeitsorientiert ist, denn ihr Erfolgsparameter bleibt der prozentuale Anteil von Stimmen am Tag der Wahlentscheidung. Gerade weil der Einfluss von Kommunikationskampagnen auf die Wahlentscheidungen begrenzt zu sein scheint, wäre es umso wichtiger, die bestehenden positiven Vorurteile hinsichtlich der verankerten Programmatik zu bestätigen. Das bringt keine Aufmerksamkeitshöhenflüge, aber es würde das Vertrauen in Parteien und Politik im Ganzen stärken. Stattdessen stürzen sich die Parteien auf Themen, die vermeintlich zurzeit en vogue sind und wildern in Bereichen, für die ihnen kaum Kompetenz zugebilligt wird. Man mag es drehen und wenden, wie man will und massive Kommunikationsbudgets in die Hand nehmen, aber auch im 21. Jahrhundert steht die CDU/CSU für eine Politik des Ausgleichs, der öffentlichen Sicherheit und der Orientierung gemeinschaftlicher Werte, während die SPD auch weiterhin einen Schwerpunkt auf »soziale Gerechtigkeit« legt, die FDP steht für einen freiheitlichen Geist und Wirtschaftsfreundlichkeit, die Grünen für Umweltschutz, die AfD für »Deutschland first« und die Linken für »gesellschaftliche Solidarität«. Das heißt nicht, dass andere Themen für diese Parteienschwerpunkte nicht relevant sind, aber sie haben nicht das Potential einer glaubwürdigen Differenzierung im Aufmerksamkeitswettbewerb und sind ungeeignet, »Vertrauen« zu gewinnen. Mit Einschränkungen ist das Gegenteil in der Parteienkommunikation wirksam: Kandidaten, vor allem der CDU/CSU und SPD, werden inhaltlich »aufgeladen«, bekommen neue Images verpasst und thematisieren Bereiche, die noch nie für die Partei standen. So rückten 2021 alle Parteien das Thema Nachhaltigkeit in den Vordergrund, obwohl der eigentliche Platzhalter nur eine Partei war, die über die Konzentration auf dieses Gebiet unerwartete Unterstützung bekam. Basis dafür waren Meinungsforschungen, die die persönliche Relevanz unterschiedlicher Bereiche abfragten und direkt in die »Attitude-Behaviour-Gap-Falle« tappten. Allein der SPD gelang es hier, durch die Besinnung auf das Vorurteil »sozial« zumindest ansatzweise das positive Vorurteil zu stärken. Vielleicht ein Baustein, der schließlich dazu führte, (überraschend) zur stärksten Partei zu werden. Die Erfahrungen der SPD und der betrauten Agentur im Wahlkampf 2021 scheinen diese Hypothese zu bestätigen. Marken wie Parteien fehlt der Mut, gezielt unzeitgemäß, aber erwartungskonform zu sein. »Am Puls der Zeit« zu agieren, mag kurzfristig erfolgreich sein, langfristig zerstört es das Vertrauen in Parteien und damit in die entscheidenden Akteure einer funktionierenden Demokratie.

In der Verknüpfung von politischer Kommunikation und einer weitgehend abgehobenen Werberealität entstehen gesellschaftliche Fehleinschätzungen. Denn die pointierte politische Kommunikation greift Themen auf, die zwar für die Macher, aber nicht für die Bürger von Relevanz sind – auch und gerade, wenn eine ungeprüfte Marktforschung sie wahrzunehmen scheint. Gleichzeitig wirkt der politische Diskurs in die veröffentlichte Meinung hinein, die wiederrum die Thematiken und Schwerpunktsetzungen rückspiegelt. So ergibt sich ein abgeschlossenes System entrückter Realitäten, das dem populistisch vorgebrachten Einwurf, »die da oben«

wüssten gar nicht mehr, was »den Bürger beschäftige«, eine veritable Begründung gibt.

Die Nähe von Werbung und Politik wird nicht zuletzt an ihrer Selbstpräsentation deutlich. Denn auch die politische Kommunikation hat ihre Feste. Zwar nicht an der Croisette, aber im Tipi am Berliner Kanzleramt treffen sich politische Persönlichkeiten, die (so Eigencharakterisierung) »unser Land mit besonderem Einsatz und Erfolg in demokratisch-verantwortlicher Weise führen und maßgeblich führen«. Namentlich Politiker, Werber und Kampagnen. In den Kategorien »Politiker des Jahres« gewannen der Ministerpräsident von Nordrhein-Westfalen Henrik Wüst, Annalena Baerbock und Jens Spahn. Als Aufsteiger der letzten Jahre wurden Aminata Touré, Marco Buschmann und Linda Teuteberg prämiert. Es handelt sich um den sogenannten »Politik-Award« des Magazins *politik&kommunikation*, der bereits seit 2003 besteht. Für eine äußerst moderate Teilnahmegebühr wählt eine Jury aus »Persönlichkeiten, die aufgrund ihrer langjährigen Erfahrung politische Kommunikation aus unterschiedlichen Perspektiven betrachten« – Politikwissenschaftler, Wahlkampfexperten, Kommunikatoren und Journalisten. Der Abend der Preisverleihung ist stets ein besonderes Event (Ticketpreis 500 Euro) und wird in feierlich moderatem Ambiente mit der deutschen Politikprominenz begangen. Keine Frage: Die politische Kommunikation ist zu einer attraktiven Bühne geworden.

Schlussbemerkungen

Demokratie braucht den Glauben an die eigene Begrenzung

Ist es nicht auch ein Problem für die gut bezahlten Werbeprofis, wenn sie merken, dass sich so mancher Kunde beim Betrachten des hochambitionierten Werbespots fragt, was das alles in der Welt mit Waschmittel, Schokolade oder einem Heftpflaster zu tun hat? Das bereits vorgestellte Urgestein der deutschen Werbewirkungsforschung, Thomas Koch, hat dies auf dem Business-Netzwerk LinkedIn prägnant zusammengefasst: »›How do we become relevant to people again?‹ Die Frage lässt sich nur beantworten, wenn die Werber der Frage auf den Grund gehen, was sie falsch gemacht haben, um die beworbenen Marken und das Produkt […] selbst so dermaßen irrelevant zu machen. Was sie ja mit der Frage zugeben. Schuld sind die Werber selbst.«

Heißt es, dass Werbung auf eine Hinwendung zu gesellschaftlichen Themen verzichten sollte? Mitnichten. Katjes Fassin, einer der wichtigsten Produzenten aller Art Gumminaschereien, warb vor einigen Jahren intensiv mit einem Werbemotiv, das eine moderne, fröhliche und verschleierte Frau zeigte. Die Empörung schaukelte sich auf allen politischen Seiten hoch: Einige Beobachter feierten den Sieg einer multiethnischen Kampagne, andere den Kotau vor einer »Multikulti-Welle« und man warf sich wahlweise Rassismus oder Borniertheit vor. Markensoziologisch war diese Kampagne äußerst klug, weil sie mit einer klaren Positionierung als

»Süßwarenprodukt«, das den religiösen Essensvorschriften der Muslime entsprach (keine Schweinegelatine), arbeitete. Simple Leistungsverdeutlichung. Ganz im Sinne eines klaren Leistungsversprechens wurde ein vorhandenes Bedürfnis aufgegriffen – ohne sich anzubiedern. Nichts wurde erfunden und thematisch an eine bestehende Marke angeflanscht. Ganz unabhängig davon, ob diese Kampagne gefallen mag, so zeigt sie den strukturellen Unterschied zu Kommunikationsstrategien auf, die sich Themen zu eigen machen, die sie auf der Leistungsebene nicht erfüllen und vielleicht noch nicht einmal erfüllen wollen.

Die Executive-Vice-Präsidentin Global Marketing von Unilever, Aline Santos, sagte: »Die Rolle von Marken in der Kultur war noch nie so wichtig wie heute, denn die Menschen erwarten von uns, dass wir einen Standpunkt vertreten ... Dies ist die Zeit, in der wir Unternehmen und Marken als die größten Heiler unserer Gesellschaft und unseres Planeten betrachten können.«

Diese Verantwortung müssen wir annehmen.«[126] Der CEO der Mars-Gruppe, Poul Weihrauch, bezeichnet die Bekämpfung des Klimawandels öffentlichkeitswirksam als »moralische Verpflichtung«.[127] Wirklich? Wollen wir uns von Menschen, die Backmischungen, Sportschuhe, Deospray oder Fruchtgummi herstellen, sagen lassen, was die einzig richtige Sichtweise auf die Herausforderungen und Probleme der Welt ist? Wollen wir wirklich Verantwortung sozialisieren und sie nicht mehr verkörpern? Mit welchem Recht erklären finanziell abgesicherte High-Potentials mit Abitur, Abschluss einer schicken Hochschule und der Sicherheit, dass sie aufgrund der Erbschaft eines geräumigen Einfamilienhauses mit Wärmepumpe in guter Lage niemals in finanzielle Kalamitäten geraten werden, denen die Welt und wie sie zu sein hat, deren Einkommen »gerade mal so ausreicht«, die sich einen 10-Tage-Pauschalurlaub All-Inclusive an der Costa Brava erarbeiten müssen und sich an der Bequemlichkeit ihres Dacia Sanderos und am guten Geschmack ihrer Nackensteaks erfreuen? Normale Menschen mit ihren bescheidenen Lebenszielen und Freuden werden zu einem anstrengenden Lumpenproletariat von Freaks und Clowns stigmatisiert, die immer noch nicht begriffen haben, was wirklich wichtig ist.

Dagegen sollten wir uns wehren, denn die Macht der Marken und ihrer Kommunikation liegt immer weniger im eigentlichen Verkaufserfolg, sondern in der Art, wie sie gesellschaftliche Themen setzen und inhaltlich definieren – bis hinein in die Politik, und das nicht nur zu Wahlkampfzeiten. Durch ihre uneingeschränkte Präsenz drängen ihre expliziten und latenten Botschaften pausenlos auf uns ein und erklären nicht nur mehr die Welt, sondern bewerten Haltungen und Sichtweisen. Berufen wird sich dabei auf den Kundenwillen und das ausgeprägte Verantwortungsbewusstsein der Unternehmen. Beides ist nicht so offensichtlich, wie es scheinen mag. Das Verantwortungsbewusstsein der Unternehmen ist in den seltensten Fällen darauf zurückzuführen, dass ein drängender Altruismus die Chefetagen erreicht hat. Vielmehr greifen sogenannte ESG-Kriterien und staatliche Regelungen direkt in die Unternehmensstrategien ein. Erst ihre Umsetzung stellt sicher, dass Unternehmen Geld von Investoren erhalten. Die Investoren müssen sicherstellen, dass ihr Engagement solide ist und vermeiden alle Formen von Aufruhr und Instabilität – auch wenn sie ausschließlich medial existiert. Für die Werbung ist die Orientierung an »guten Werten« endlich der langersehnte Lift in die Upper Class der Gesellschaft: Verkofe, Andrehen und Verführen ... dieses Stigma hat die Werber seit Langem belastet. Deshalb ist jetzt die eigentliche Werbeaufgabe der Werbung, in ihrem Selbstempfinden »Gutes« zu verbreiten. Intern heißt das, Narrative umzugestalten. Die Hybris einer großen medialen Verbreitung hat bereits viele Verantwortungsträger verblendet. Wenn Werber die Welt verändern wollen, befinden wir uns auf einer Reise in den realen Wahn-Sinn. Aber auf eines ist Verlass: Die Ethik der Werbung endet dort, wo die Kasse aufhört zu klingeln. Werbung ist halt Werbung. Im Oktober 2022 kündigte der Sportartikelhersteller adidas seine Zusammenarbeit mit dem Rapper Kanye West, der sich unzweifelhaft antisemitisch geäußert hatte. Zuvor hatte man unter der Bezeichnung Yeezy seine Produkte verkauft. Ohne Zweifel: Ein konsequenter Schritt. Altruistisch? Wahrscheinlich nicht ganz. Es stellte sich die Frage, was mit den Lagerbeständen im Wert von 500 Millionen Euro geschehen sollte. Das Unternehmen entschied sich, einen »signifikanten Betrag« an ausgewählte Organisationen zu spenden, die sich gegen »Diskriminierung, Rassismus und Hass« wenden würden – auch war es möglich, dass sich Projekte unter einer E-Mail-Adresse für Spenden von adidas bewerben konnten. Viele Medien nahmen diese Nachricht auf breiter Front auf – positiv selbstverständlich. Diese Aktion ist sicherlich bemerkenswert, aber sie scheint nur einen Teil der Geschichte zu beinhalten. Denn adidas kämpfte bereits seit mehreren Jahren mit globalen Absatzschwierigkeiten und klagte über volle Lager. Beobachter mutmaßten dahinter daher eine karitative Aktion mit hohem PR-Wert vor dem Hintergrund profaner Notwendigkeiten. So spekulierten versierte Kenner: Der neue CEO ließ durch den Verkauf der Lagerware und die anschließende Spende das Unternehmen wirtschaftlich etwas schlechter auftreten als es wirklich war. Der Verkauf und das Spenden wiederum sorgte für leere Lager und der nicht genau bezifferte Spendenbetrag für viel PR. Danach folgt dann der große Turnaround durch das Management, das selbst von dieser Erfolgsstory im wahrsten Sinne des Wortes profitiert. Im Zuge der massiven wirtschaftlichen Krise der Tech-Industrie war Google gezwungen, circa 12000 Mitarbeiter zu entlassen. Unter ihnen die Mannschaft des Google-Food-for-Good-Teams. Diese Einheit war eine Initiative, um mit Hilfe digitaler Programme die Informationen über die weltweiten Nahrungsmittelströme zu dokumentieren. Eine reale Kernaufgabe war die Vermeidung von »Lebensmittelmüll« innerhalb des Google-Konzerns und darüber hinaus. Dieses Team war ein strahlendes Aushängeschild des Unternehmens. Für die amerikanischen Marketing-Ikone David Aaker ist die Schließung dieser Abteilung ein fataler Fehler. Denn diese Abteilung hatte Vorbild-Charakter als »Social Signature Programm« und ermöglichte vor allem potentiellen Mitarbeitern, die »grünen« Werte des Unternehmens konkret wahrzunehmen.[128] Frustrierend zu sehen, wie schnell diese »Signatures« zur Disposition stehen, sobald die Gelder weiterhin solide, aber nicht mehr unermesslich fließen.

Es geht mir in diesem Buch um Wahrhaftigkeit und Ehrlichkeit. Wie inzwischen so vielen, die vom »Purpose« oder »Sinn«-Washing genug haben. Eine der größten Kommunikationsagenturen der Welt, Havas, veröffentlichte eine in vielen Ländern der Welt durchgeführte Studie zu »Global Meaningful Brands« mit mehr als 91 000 Teilnehmern. 72 % aller Befragten haben genug von Marken, die vorgeben, der Gesellschaft »zu helfen«, aber eigentlich »Geld machen« wollen.[129]

Ich stelle nicht in Abrede, dass vor allem auf den operativen Ebenen der Werbe- und Kommunikationsagenturen, der PR-Profis und Marketingabteilungen viele Menschen tätig sind, die tatsächlich die Welt mit einem herzensguten Impetus ein wenig »besser, gerechter und bunter« machen wollen. Wir alle sind nicht nur Angestellte oder Unternehmer, sondern auch Söhne oder Töchter, Freunde, Geschwister, vielleicht Mütter und Väter, und wollen, dass es den Menschen um uns herum und uns gut geht. Gleichzeitig glaube ich, dass so manche Unternehmens- und Agenturverantwortliche nicht aus bewusster Bösartigkeit die eigentlichen Zielsetzungen ihrer Aktivitäten im Blick haben (wollen). Es fühlt sich einfach besser an, für »Nachhaltigkeit« und »Diversity« zu stehen und in das Licht der Öffentlichkeit und der Familie, Nachbarn und

Freunde zu rücken, auch wenn nur ein kleinstmöglicher Teil der Firma und der Wertschöpfung eben diesen Teil abdeckt, und der Löwenanteil weiterhin konventionell dahinplätschert. Reklamieren wir also nicht Werte, die wir nicht einlösen können oder vielleicht sogar wollen. Denn diese Haltung schadet einem wirklichen Wandel, sofern er denn politisch gewollt ist. Auch das wäre, vor allem im merkwürdig meinungskonformen Deutschland, noch zu klären. Einen Wandel ohne Verzicht wird es nicht geben, und so sind reale Produkt-Slogans wie »Klima schonen und sich selbst belohnen« im besten Falle ein Hohn. Auch ein gut geposteter Beitrag zum »Diversity Day« mit »Diversity Lunch« in der Agentur (»Zwischen selbstgemachten polnischen Pirogi, baskischen Käsekuchen und schwedischen Kanelbullar haben sich unsere Kolleg:innen zu Diversity-Themen ausgetauscht ...«) schafft zwar ein gutes Gewissen und das Gefühl von Aufgeschlossenheit und Empathie, aber er lässt uns im Glauben, das alles gut ist und nichts zu verändern sei ... es bedarf nur einiger schicker Werbebotschaften und Absichtserklärungen, grüner Logos und gut sichtbarer Regenbögen und dieserart seien Probleme gelöst und die Transformation abgeschlossen. Inzwischen gilt der »Diversity Tag«, so bitter es auch klingen mag, in der Branche als Tag der »intrumentalisierten Minderheiten«, die sich gut für eine »Achtsamkeitsaktion« eignen ... Diese perfide, aber funktionale Logik löscht das Vitale und Vielschichtige des Alltages aus, also das, was das Leben mit Ecken und Kanten versieht. Es einmalig macht. Umbau, Toleranz, Neues entsteht nicht aus Absicht, Verboten und dominantem Erziehen, sondern aus Reibung und Aushalten. Aus Leben. Wer nie gelernt hat, Unterschiede auszuhalten, sie mit Respekt vor jedem Menschen, jeder Hautfarbe, Religion, Herkunft und Haltung zu leben, wird es nie lernen. Diversity darf nicht heißen, dass wir möglichst dasselbe über das Andere denken ...

Für das Verbessern der Welt gibt es unterschiedliche Rezepte: konservative, liberale, grüne, progressive, linke, doofe, ja sogar transzendente – alles eine Frage der Perspektive, vielleicht der Biografie oder des Milieus. Die Welt hat keinen festgelegten Plan. Pläne sind Menschenwerk. Und diese Pläne werden so gut wie nie Wirklichkeit. Wer aber nur noch Werte beschwört (aber nicht einlöst), der hat keine Tätigkeiten mehr. Wir haben einen interessanten historischen Wendepunkt erreicht, an dem wir die Vergangenheit für die Zukunft halten und Asien zu Amerika wird. In Zukunft wird man in Europa nur noch zwischen zwei Schichten unterscheiden: Menschen, die wirklich etwas können (Automechaniker, Orgelbauer, Bäcker, Hubschrauberpiloten) und sehr viel mehr Menschen, die nur so tun, als ob sie etwas könnten oder viel Zeit darauf verwenden, sich gegenseitig zu verwalten und sich zu belehren.

Dieses Buch ist ein Plädoyer für die Rückbesinnung auf eine Verantwortung, die unser aller Streben nach einer guten, vielleicht sogar besseren Welt ernst nimmt, egal ob politisch, religiös oder weltanschaulich motiviert. Wahrscheinlich würden wir es nicht als große Weltrettung bezeichnen, aber es ist die Entscheidung, mit dem Fahrrad zur Arbeit zu fahren oder die Hecke eines Nachbarn zu schneiden, die eine wirkliche Veränderung bedingt und allemal stärker ist als das Reklamieren umfassender Werte und Haltungen.

Vertrauen wir dem besseren Argument. Lügner, Menschenfeinde und Fantasten entzaubern sich über ihre Auftritte und Worte selbst. Woher rührt das tiefe Misstrauen vor Kunde, Zuschauer und Wähler und der missionarische Impetus, die Bevölkerung vor vermeintlich bösen Worten und Gedanken schützen zu müssen – welcher Oberlehrer zieht hier duzend, aber doch gestreng um die Häuser? Auch gut Intendiertes kann fatale Auswirkungen haben: Im Gewand von Wissenschaftlichkeit und »Common Sense« wird eine Demokratie krank. George Bernard Shaw formulierte das viel besser: »Die Deutschen haben eine Besessenheit, jede Sache so weit zu treiben, bis eine böse daraus geworden ist.«

Mein Onkel Enrico verließ mit 16 Jahren die Schule, kam als 21-jähriger sogenannter Gastarbeiter 1965 nach Deutschland, weil er in seinem Heimatdorf keine Arbeit fand. Er arbeitete seine Schichten bei Volkswagen in Wolfsburg, gerne auch am Sonntag wegen des Zuschlags, wohnte in den Werks-Baracken an der Berliner Brücke, ging dann zum Schiffbau bei Blohm & Voss im Hamburger Hafen und zwar in die »italienische Kolonne«, wie es hieß, später wurde er Hausmeister in einem städtischen Altenheim. Er hat nie geheiratet und hatte keine Kinder. Er bekam einen regelmäßigen und bescheidenen Lohn. Onkel Enricos schöne Momente waren die Tatsache, dass er sich jeden Tag ein Stückchen Fleisch leistete, später mit seinem VW Golf zur Arbeit fuhr, seine Wohnung ausgiebig heizte und einmal im Jahr in den Urlaub reiste – manchmal mit dem Flugzeug. Ein normales Leben. Er unterstützte seine kranke Nachbarin Ursula, die mit ihrem Gehwagen die schweren Flaschen kaum transportieren konnte, und pflanzte im Frühjahr ihre Balkonblumen ein. Den Lebenswandel seines schwulen Kollegen verstand und teilte er nicht, aber er war ein guter Freund, und er brachte ihm von jedem Besuch aus Italien eine Felino-Salami mit. Als sein Kollege starb, legte er einen großen Kranz für die Kollegen aus der Hausmeisterwerkstatt nieder und weinte. Auf seinem Balkon pflanzte er jedes Jahr üppig Blumen – an die Rettung der Wildbienen hat er nicht gedacht. Sein Leben bestand aus den Katastrophen, unerfüllten Träumen, aber auch kleinen Augenblicken des Glücks, die wir alle kennen. Er war ein normaler Mensch, der keine großartigen Spuren in dieser Welt hinterlassen hat, wie wohl die meisten Menschen von uns. Er war zutiefst anständig und daran interessiert, dass es ihm und den Menschen um ihn herum gut ging. Er hat nie demonstriert. Nie ein Produkt boykottiert. Er hat jeden so leben lassen, wie er wollte – auch wenn er sich gewundert hat und selbst oft der »Spaghetti« war. Das hat ihn nicht interessiert. Dafür machte er die Welt für die Menschen um ihn herum, in seinem Wohnblock oder im Altersheim oftmals etwas besser. Welche gut situierten Söhne und Töchter, die für ihre »Werte« kämpfen, wollen seine Lebensleistung in Hinblick auf »Verantwortung« beurteilen? Für mich ist er ein wahrer und unerreichter Aktivist in Sachen Menschlichkeit und Weltverbesserung.

Über den Autor:

Prof. Dr. Oliver Errichiello, 1973 in Hamburg geboren, ist ein bekannter deutsch-italienischer Wirtschaftssoziologe, Konsumphilosoph und Autor. Er studierte Soziologie und Psychologie in Hamburg und Lyon und promovierte über »Markensoziologische Werbung«. Er arbeitete für das Protokoll des Deutschen Bundestages, anschließend als Strategischer Planer bei Werbeagenturen und im Marketingbereich. Heute führt er sein eigenes Unternehmen und ist gleichzeitig »Direktor für Innovation« für eine bedeutende deutsche Hospitality-Holding. Errichiello ist Fachmann für Markenpositionierung, Werbung und grüne Markenführung und lehrt Markensoziologie und Konsumpsychologie an den Hochschulen Mittweida und Luzern sowie der Universität Hamburg. Vorträge und Seminare führten ihn u.a. nach Großbritannien, Italien, Indonesien und China. Zudem ist er Autor von 20 Sach- und Fachbüchern und regelmäßiger Interviewpartner über Werbung und Konsum bei ARD bis ZDF.

Anmerkungen

[1] Seit 2021 singt es die SPD nicht mehr am Ende ihrer Parteitage, weil der Autor des Liedes, Hermann Claudius, im Verlauf seines Lebens zu einem Nationalisten wurde.

[2] Pietro Beritelli, Christian Laesser, Warum DMOs und Tourismusorganisationen nicht wirklich »Gäste holen« – Die Aufklärung eines Cargo-Kults. In: Neue Technologien und Kommunikation im alpinen Tourismus – Schweizer Jahrbuch für Tourismus 2018/2019, S. 53–83. (Berlin: Erich Schmidt Verlag, 2019)

[3] Thomas Koch, »Nepper, Schlepper, Bauernfänger«, Wirtschaftswoche Online, 31.01.23, https://www.wiwo.de/unternehmen/dienstleister/werbesprech-nepper-schlepper-bauerfaenger/28952338.html

[4] Zit. nach: Naomi Klein, No Logo, S. 311 (London: Flamingo, 2000); Übersetzung: »Wir sind so besetzt, wie die Franzosen und Norweger im Zweiten Weltkrieg von den Nazis besetzt waren, aber dieses Mal von einer Armee aus Geschäftemachern. Wir müssen unser Land von denen zurückfordern, die es im Namen ihrer globalen Herren besetzen.«

[5] Jean-Noël Kapferer, Marke und Ebenbild, S. 18 (Genf: Unveröffentlichte Konferenzdokumentation des Instituts für Markentechnik Genf zum 1. Internationalen Markentechnikum, 1997)

[6] Frankreichs Kapitän hat keine Lust auf die One-Love-Binde, Die Welt Online, 16.11.2022, https://www.welt.de/sport/fussball/wm/article242155145/WM-2022-Frankreichs-Kapitaen-Lloris-hat-keine-Lust-auf-die-One-Love-Binde.html

[7] Spieler wollen Regenbogen-Trikot nicht tragen, ZDF Online, 15.05.2023, https://www.zdf.de/nachrichten/sport/fussball-frankreich-homophobie-regebogentrikots-100.html

[8] Vgl. Jonathan Haidt, The righteous Mind – Why good people are devided by politics and religion, S. 36ff. (London: Penguin Books, 2013)

[9] Andreas Reckwitz, Die Gesellschaft der Singularitäten, S.7 (Frankfurt/Main: Suhrkamp, 2018)

[10] Der EDEKA-Osterfilm, 24.03.2023, https://www.youtube.com/watch?v=hV_53xipqZk

[11] Procter & Gamble, Citizenship Report 2019. Bericht zum sozialen, ökologischen und gesellschaftlichen Engagement von Procter& Gamble, S. 13, https://assets.ctfassets.net/4pyncle6plhv/5mWst3xkLLBxzvWrkTbCq0/16dfac81f9ff71957fa7cec7ecdf66a8/P_G_2019_CSR_A4_D.pdf

[12] Thomas Koch, Die Ohnmacht des Marketings vor der Transformation, Wirtschaftswoche Online, 30.05.2023, https://www.wiwo.de/unterneh-

men/handel/werbesprech-die-ohnmacht-des-marketings-vor-der-transformation/29172114.html
13 Kai-Uwe Hellmann, Konsum > Protest > Mobilisierung. Politischer Konsum und konsumistische Bewegungen, S. 79, 2023, https://www.nomos-elibrary.de/10.5771/9783748934295-65.pdf
14 Zit. nach: Nicholas Ind, Oriol Iglesias, In Good Conscience – Do the Right Thing While Building a Profitable Business, S. 36 (Cham: Plagrave Macmillan, 2023); Übersetzung: »So sind beispielsweise über 60 % der Befragten der Meinung, dass die Beachtung von Vielfalt und Integration ihre eigenen Werte widerspiegelt, und mehr als 70 % geben an, dass sie eher bereit sind, eine Marke zu empfehlen oder zu kaufen, die sich für Vielfalt und Integration einsetzt.«
15 Ebenda S. 38; Übersetzung: »… die Verbraucher erwarten zunehmend, dass Unternehmen nicht nur funktionale und emotionale Vorteile bieten, sondern auch zum Identitätsgefühl der Menschen beitragen. Dies erfordert, dass die Unternehmen ihre Überzeugungen explizit darlegen.«
16 Gustav Martner stormar scenen i Cannes, 21.06.2022, https://www.youtube.com/watch?v=ttIGaxDEaRE
17 Vilim Vasata, Radical Brand, Titelseite (Düsseldorf: Econ Verlag, 2000)
18 Hanns Buchli, 6000 Jahre Werbung. Altertum und Mittelalter (Band 1), S. 11 (Berlin: De Gruyter, 1962)
19 Ebenda, S. 19
20 Peter Zernisch, Markenglauben managen, S. 73 (Weinheim: Wiley, 2003)
21 Alain Finkielkraut, Der eingebildete Kosmopolit, S. 77 (Stuttgart: Klett Cotta, 2001)
22 Rosser Reeves, Werbung ohne Mythos, S. 135 (München: Kindler, 1963)
23 https://de.statista.com/statistik/daten/studie/74622/umfrage/prognose-der-werbeausgaben-weltweit/
24 Vgl.: Andreas Scharf, Bernd Schubert, Patrick Hehn, Marketing, S. 17f, (Stuttgart: Schaffer-Poeschel, 2015)
25 Bernd Halfar, Kirchenmanagement, S. 33–34 (Baden-Baden: Nomos, 2007)
26 Milton Friedman, The Social Responsibility Of Business Is to Increase Its Profits, The New York Times Online, 13.09.1970, https://www.nytimes.com/1970/09/13archives/a-friedman-doctrine-the-social-responsibility-of-business-is-to.html
27 Ebenda
28 Sergio Aiolfi, Milton Friedmans »dümmste Idee der Welt« sorgt weiterhin für Sprengkraft, Neue Zürcher Zeitung, 12.09.2020, https://www.nzz.ch/wirtschaft/milton-friedmans-shareholder-value-provoziert-die-wirtschaftswelt-ld.1575273
29 Eric Posner, Milton Friedman Was Wrong, The Atlantic Online, 22.08.2019, https://www.theatlantic.com/ideas/archive/2019/08/milton-friedman-shareholder-wrong/596545/
30 Unternehmen werden im Schnitt nur 9 Jahre alt, Wirtschaftskurier, 17.06.2019, https://www.wirtschaftskurier.de/artikel/unternehmen-werden-im-schnitt-nur-9-jahre-alt.html

31 Zit. nach: Hanns Buchli, 6000 Jahre Werbung. Altertum und Mittelalter (Band 1), S. 65 (Berlin: De Gruyter, 1962)
32 Karl Marx, Das Kapital. Kritik der politischen Ökonomie (Erster Band), S. 85 (Berlin [Ost]: Dietz Verlag, 1973)
33 Alexander Deichsel, Markensoziologie, S. 51 (Frankfurt/Main: Deutscher Fachverlag, 2006)
34 Howard R. Bowen, Social Responsability of a Businessman, S. 16 (Iowa City: University of Iowa Press, 1948); Übersetzung: »Der Begriff ›Soziale Einrichtungen‹ wird unterschiedlich definiert. Im vorliegenden Zusammenhang bezieht er sich auf jede Praxis, die sozial akzeptiert und weit verbreitet ist. So kann jede Handlungsweise, Denkweise, Vorgehensweise, Beobachtung oder Konvention, die den Mitgliedern einer sozialen Gruppe mehr oder weniger gemeinsam ist, als Institution betrachtet werden.«
35 Howard R. Bowen, Social Responsability of a Businessman, S. 215 (Iowa City: University of Iowa Press, 1948)
36 Gordon W. Allport, Die Natur des Vorurteils, S. 20 (Köln: Kiepenheuer & Witsch, 1971)
37 Max Horkheimer, Über das Vorurteil, S. 5 (Köln: Arbeitsgemeinschaft für Forschung des Landes Nordrhein-Westfalen (Hrsg.), Heft 108, 1962)
38 Ebenda
39 Yuval Noah Harari, Eine kurze Geschichte der Menschheit, S. 41 (München: Pantheon, 2015)
40 Peter Zernisch, Markenglauben managen, S. 73 (Weinheim: Wiley, 2003)
41 Jean M. Twenge, W. Keith Campbell, The Narcissism Epidemic. Living in the Age of Entitlement, S. 35 (New York: Simon & Schuster, 2010)
42 Ebenda, S. 99
43 Ebenda, S. 303
44 Andrew Tenzer, Ian Murray, Why we shouldn't trust our gut instinct, S. 12 (Whitepaper von Reach Solutions/House 51, UK, keine Jahresangabe)
45 Pietro Beritelli, Christian Laesser, Warum DMOs und Tourismusorganisationen nicht wirklich ›Gäste holen‹ – Die Aufklärung eines Cargo-Kults. In: Neue Technologien und Kommunikation im alpinen Tourismus – Schweizer Jahrbuch für Tourismus 2018/2019, S. 68 (Berlin: Erich Schmidt Verlag)
46 Methew Keegan, Why social class is advertising's biggest diversity blind spot, Campaign (Online), 09.02.2023, https://www.campaignasia.com/article/why-social-class-is-advertisings-biggest-diversity-blind-spot/483214
47 Christian Scholz, Generation Z: Wie sie tickt, was sie verändert und warum sie uns alle ansteckt, S. 200 (Weinheim: Wiley, 2014)
48 https://www.horizont.net/agenturen/nachrichten/fridays-for-future-so-beteiligen-sich-agenturen-marken-und-medien-am-weltweiten-klimastreik-177694?crefresh=1

49 Alain Finkielkraut, Der eingebildete Kosmopolit, S. 106 (Stuttgart: Klett Cotta, 2001)
50 Ebenda, S. 107
51 Jochen Voß, Wer hat's erfunden? Thoma und die Zielgruppe, DWDL. de, 24.03.2009, https://www.dwdl.de/nachrichten/20287/wer_hats_erfunden_thoma_und_die_zielgruppe/?utm_source=&utm_medium=&utm_campaign=&utm_term=)
52 Nadine Knosala, Jeremy Fragrance spielt für Aldi Nord mit den Elementen, Horizont Online, 10.02.2023, https://www.horizont.net/marketing/nachrichten/neuer-werbespot-jeremy-fragrance-spielt-fuer-aldi-nord-mit-den-elementen-2061
53 Ebenda, S. 200–202
54 Robert Pfaller, Erwachsenensprache: Über ihr Verschwinden aus Politik und Kultur, S. 56f (Frankfurt/Main: Fischer, 2017)
55 Ebenda, S. 204f
56 Ebenda, S. 150
57 Steffen Mau, Das metrische Wir, S. 29 (Berlin: Suhrkamp, 2017)
58 Ebenda, S. 13
59 Vgl. Steffen Mau, Das metrische Wir, S. 15 (Berlin: Suhrkamp, 2017)
60 Byung-Chul Han, Palliativgesellschaft. Schmerz heute, S. 34 (Berlin: Matthes & Seitz, 2021)
61 Robert Pfaller, Erwachsenensprache: Über ihr Verschwinden aus Politik und Kultur, S. 40 (Frankfurt/Main: Fischer, 2017)
62 Andrew Tenzer, Ian Murray, Why we shouldn't trust our gut instinct, S. 3 (Whitepaper von Reach Solutions/House 51, UK, keine Jahresangabe)
63 David Goodhart, The Road to Somewhere – The New Tribes Shaping British Politics, S. 5 (London: Penguin Books, 2017)
64 Ebenda, S. 5–6
65 Andrew Tenzer, Ian Murray, Why we shouldn't trust our gut instinct, S. 3 (Whitepaper von Reach Solutions/House 51, UK, keine Jahresangabe)
66 Eric Kandel, Was ist der Mensch? Störungen des Gehirns und was sie über die menschliche Natur verraten, S. 49 (München: Pantheon Verlag, 2019)
67 Marc Augé, Nicht-Orte, S. 110 (München: C. H. Beck, 2010)
68 Ebenda, S. 104
69 Vgl. Andrew Tenzer, Ian Murray, The Aspiration Window (Whitepaper von Reach Solutions/House 51, UK, 2020)
70 Andrew Tenzer, Ian Murray, Why we shouldn't trust our gut instinct, S. 11 (Whitepaper von Reach Solutions/House 51, UK, keine Jahresangabe)
71 Sean Illing, The case against empathy, Vox, 16.01.2019, https://www.vox.com/conversations/2017/1/19/14266230/empathy-morality-ethics-psychology-compassion-paul-bloom)
72 Alexander Grau, Hypermoral. Die neue Lust an der Empörung, S. 30 (München: Claudius, 2017)

73 Ebenda, S. 45
74 Ebenda, S. 48f
75 Alain Finkielkraut, Die Niederlage des Denkens, S. 104 (Reinbek: rororo, 1990)
76 Der Kontakter, Nr. 34, 1994 (keine Seitenzahl mehr recherchierbar)
77 Karsten Kilian, Markus A. Miklis. Die Evolution des Purpose, S. 58 (Transfer 04/2019)
78 Ebenda S. 59–63
79 Twitter, 12.05.2020, https://twitter.com/DeutscheBankAG/status/1260292023992692738
80 Robert Pfaller, Erwachsenensprache: Über ihr Verschwinden aus Politik und Kultur, S. 27 (Frankfurt/Main: Fischer, 2017)
81 Statistik: Vertrauen Sie den folgenden Berufsgruppen voll und ganz, überwiegend, weniger oder überhaupt nicht?, März 2018, https://de.statista.com/statistik/daten/studie/1470/umfrage/vertrauen-in-verschiedene-berufsgruppen/
82 Interview: Sir John Hegarty: The Industry Has Given Up On Persuasion, Little Black Book Online, 24.03.2021, https://www.lbbonline.com/news/sir-john-hegarty-the-industry-has-given-up-on-persuasion)
83 Stephen Lepitak, Unilever CEO Alan Jope: 'We'll dispose of brands that don't stand for something', The Drum Online, 19.06.2019, https://www.thedrum.com/news/2019/06/19/unilever-chief-alan-jope-keith-weeds-successor-working-with-networks-and-the-need
84 Kampagne für wahre Schönheit am Ende?, Persönlich Online, 24.09.2007, https://www.persoenlich.com/kategorie-werbung/kampagne-fuer-wahre-schoenheit-am-ende-275639
85 Steve Harrison, Can't sell won't sell, S. 237 (Adworldpress, 2021)
86 Ein Jahr Strohhalmverbot: Was bringt es wirklich?, Der Standard Online, 05.07.2022, https://www.derstandard.de/story/2000137156999/ein-jahr-strohalm-verbot-was-bringt-es-wirklich
87 Vivek Ramaswamy, Woke, Inc, S. 14 (London: Swift Press, 2021)
88 Vortrag von Dr. Martin Andree, Medientage Mitteldeutschland: Das Internet der Monopole, 03.05.2023, https://www.youtube.com/watch?v=BQReNMx77VE
89 Denise Snieguolė Wachter, Die Kehrtwende von Barilla: Wie der CEO das homophobe Image des Nudel-Imperiums veränderte, Stern Online, 02.07.2019, https://www.stern.de/genuss/essen/barilla--so-wurde-der-nudelhersteller-das-homophobe-image-los-8778306.html
90 Ebenda
91 »Dann sollen sie eben andere Nudeln essen«, Der Spiegel Online, 27.09.2013, https://www.spiegel.de/panorama/barilla-chef-empoert-homosexuelle-mit-anti-gay-kommentaren-a-924798.html).
92 Denise Snieguolė Wachter, Die Kehrtwende von Barilla: Wie der CEO das homophobe Image des Nudel-Imperiums veränderte, Stern Online, 02.07.2019, https://www.stern.de/genuss/essen/barilla--so-wurde-der-nudelhersteller-das-homophobe-image-los-8778306.html
93 Statistik Umsatz von Barilla weltweit in den Jahren 2010 bis 2021,

https://de.statista.com/statistik/daten/studie/458045/umfrage/umsatz-von-barilla-weltweit/

94 Anne Kunz, CDU und CSU haben großen Einfluss auf die Sparkassen, Die Welt Online, 17.06.2018, https://www.welt.de/wirtschaft/article177676252/Parteien-haben-grossen-Einfluss-auf-die-Sparkassen.html

95 Shell (1995), KitKat (2010) und Nokia (2011)

96 Trotz Abgas-Skandal: VW verkauft mehr Autos, Bild-Online, 05.01.2016, https://www.bild.de/geld/wirtschaft/volkswagen/vw-verkauft-mehr-autos-trotz-abgas-skandal-44031246.bild.html

97 Andrej Reisin, Patrick Gensing, Warum viele junge Leute die FDP wählen. Tagesschau Online, 27.09.2021, https://www.tagesschau.de/inland/btw21/fdp-erstwaehler-101.html

98 Auto zunehmend populär, Bus und Bahn unbeliebt, Süddeutsche Zeitung Online, 23.05.2023, https://www.sueddeutsche.de/auto/auto-auto-zunehmend-populaer-bus-und-bahn-unbeliebt-dpa.urn-newsml-dpa-com-20090101-230523-99-793296

99 Umweltbundesamt, Marktdaten: Sonstige Konsumgüter, 18.11.2022, https://www.umweltbundesamt.de/daten/private-haushalte-konsum/konsum-produkte/gruene-produkte-marktzahlen/marktdaten-bereich-sonstige-konsumgueter#textilien-oko-und-fairtrade

100 Kate Heiny, David Schneider, It takes two – Wie Industrie und Konsument*innen gemeinsam die »Attitude-Behavior-Gap« für nachhaltige Mode schließen können, Zalando SE, 2021, https://corporate.zalando.com/sites/default/files/media-download/Zalando_SE_2021_Attitude-Behavior_Gap_Report_DE.pdf

101 Umweltbewusstsein in Deutschland 2018 – Ergebnisse einer repräsentativen Bevölkerungsumfrage, Bundesministerium für Umwelt, Naturschutz und nukleare Sicherheit (BMU), Mai 2019, https://www.umweltbundesamt.de/sites/default/files/medien/1410/publikationen/ubs2018_-_m_3.3_basisdatenbroschuere_barrierefrei_02_cps_bf.pdf

102 Andreas Weise, Bio-Branche sucht Wege in der Inflation, ZDF heute Online, 19.01.2023, https://www.zdf.de/nachrichten/wirtschaft/lebensmittel-bio-ernaehrung-inflation-wirtschaft-100.html

103 Samuel Scott, Why CMOs are only lasting as long as Spinal Tap drummers, The Drum Online, 17.09. 2019, https://www.thedrum.com/opinion/2019/09/17/why-cmos-are-only-lasting-long-spinal-tap-drummers

104 New GfK study shows purpose-driven ads fall short in gaining, holding attention—pointing to need for new approaches, Pressemitteilung GfK (Gesellschaft für Konsumforschung), 15.06.2022, https://www.gfk.com/press/brand-purpose-ad-effectiveness-study

105 Oliviero Toscani, Die Werbung ist ein lächelndes Aas, S. 9 (Köln: Bollmann, 1998)

106 Klaus Brandmeyer, Benetton und die Brandstifter. In: Brandmeyer, Klaus; Deichsel, Alexander (Hrsg.), Jahrbuch Markentechnik 1997/98, S. 92 (Frankfurt/Main: Deutscher Fachverlag, 1997)

107 Edelmann Trust Barometer, Belastungsprobe für das Vertrauen: Pessi-

mismus in der deutschen Gesellschaft angesichts der Polarisierung auf dem Vormarsch, Pressemitteilung, 26.01.2023, https://www.edelman.de/sites/g/files/aatuss401/files/2023-01/Pressemitteilung_Edelman%20Trust%20Barometer%202023_Report%20Deutschland_k_Website.pdf

[108] Susanne Gaschke, Kommentar: In Deutschland macht sich ein Hang zur Besserwisserei breit. Das könnte politisch gefährlich werden, Neue Zürcher Zeitung Online, 27.12.2022, https://www.nzz.ch/meinung/das-justemilieu-und-die-gesellschaftliche-spaltung-in-deutschland-ld.1718291

[109] Bundesministerium für Arbeit und Soziales, Corporate Sustainability Reporting Directive (CSRD), Die neue EU-Richtlinie zur Unternehmens-Nachhaltigkeitsberichterstattung im Überblick, kein Datum, https://www.csr-in-deutschland.de/DE/CSR-Allgemein/CSR-Politik/CSR-in-der-EU/Corporate-Sustainability-Reporting-Directive/corporate-sustainability-reporting-directive-art.html

[110] Katrin Brand, Kulturkampf in der Finanzwelt – Republikaner gegen »woke« Kapitalismus, Deutschlandfunk Online, 26.01.2023, https://www.deutschlandfunk.de/kulturkampf-in-der-finanzwelt-republikaner-gegen-woke-kapitalismus-dlf-8bf9cff9-100.html

[111] Robin Alexander, Scholz erleidet Schiffbruch bei Lula, Die Welt Online, 31.01.2023, https://www.welt.de/politik/deutschland/plus243517595/Olaf-Scholz-in-Brasilien-Der-Kanzler-erleidet-Schiffbruch-bei-Praesident-Lula.html

[112] https://www.linkedin.com/posts/lufthansa-group_pridemonth-airbus-lovehansa-activity-6941080967910469632-m3IO/?utm_source=linkedin_share&utm_medium=member_desktop_web

[113] Vivek Ramaswamy, Woke, Inc, S. 37 (London: Swift Press, 2021)

[114] Zero tolerance for racism, Uber Website, 26.05.2023, https://www.uber.com/us/en/u/right-to-move/

[115] Julia Frohne, Brand Purpose in aller Munde. Was gilt es in der werthaltigen Kommunikation von Marken zu beachten? S. 31 (Transfer 02/2020)

[116] Der Ökonom Andreas Hesse differenziert klar zwischen Suffizienz-Strategien und sogenannten Demarketing-Strategien. Hesse führt in seinem bemerkenswerten Buch »Demarketing – Gezielte Nachfragereduzierung: Typologie und Wahrnehmung einer scheinbar unlogischen Bewegung« wie folgt aus: »Die Abgrenzung des Begriffs Suffizienz zum Demarketing besteht darin, dass Suffizienz als Konzept eher auf einer übergeordneten Ebene angesiedelt ist und ein Wirtschaftsprinzip beziehungsweise eine grundsätzliche Strategie von Unternehmen beschreibt. Konsumentinnen und Konsumenten können sich suffizient verhalten, Unternehmen können suffizientes Verhalten unterstützen (etwa durch entsprechende Sortimentspolitik oder Lieferregelungen). Unternehmen können dabei auch zu Suffizienz-orientiertem Konsum aufrufen (etwa indem sie entsprechende Botschaften in ihre Unternehmenskommunikation und Werbung integrieren). Demarketing hingegen ist konkreter, nämlich die gezielte Lenkung von Nachfrage und

Konsum, im Interesse von privaten oder öffentlichen Organisationen, auf der Ebene der Marketingzielsetzungen.« Andreas Hesse, Demarketing – Gezielte Nachfragereduzierung (Wiesbaden: Springer Gabler, 2023). Im Verlauf seines Buches weist Hesse darauf hin, dass die »Don't buy this Jacket«-Kampagne der Bekleidungsmarke Patagonia aus dem Jahr 2011 zwar dazu aufforderte, ein Produkt nicht zu kaufen, aber eben zu einem gegenteiligen Effekt (den verstärkten Kauf) geführt hatte. Dennoch hat Patagonia 2020 eine ähnliche Kampagne (»Buy less, demand more«) durchgeführt. Wissend, dass diese Kommunikationsstrategie eher dem »guten Gewissen« bzw. der gefälligen Markenreputation nützt, denn den (angeführten) Zielen, bleibt der Beobachter irritiert und ratlos zurück …

[117] Interview mit Niko Paech, 23.01.2022, Gemeinwohlökonomie Schweiz, https://gwoe.ch/news/interview-mit-niko-paech/

[118] Ingeborg Bloem, Klaus Kempenaars, Branded Protest – The power of branding and its influence on protest movements (Amsterdam: BIS Publishers, 2019)

[119] Jürgen W. Falter, Andrea Römmele, Professionalisierung bundesdeutscher Wahlkämpfe, oder: Wie amerikanisch kann es werden? In: Thomas Berg (Hrsg.), Moderner Wahlkampf. Blick hinter die Kulissen, S. 52 (Opladen: Leske und Budrich, 2002)

[120] Vgl. ebenda, S. 52

[121] Jürgen W. Falter, Andrea Römmele, Professionalisierung bundesdeutscher Wahlkämpfe, oder: Wie amerikanisch kann es werden? In: Thomas Berg (Hrsg.), Moderner Wahlkampf. Blick hinter die Kulissen, S. 54 (Opladen: Leske und Budrich, 2002)

[122] Honza Griese, Von der Notwendigkeit des Wahlkampfmanagements. In: Thomas Berg (Hrsg.), Moderner Wahlkampf. Blick hinter die Kulissen, S. 87 (Opladen: Leske und Budrich, 2002)

[123] Mehrdad Amirkhizi, So viel investieren die einzelnen Parteien in den Wahlkampf, Horizont Online, 28.04.2021, https://www.horizont.net/marketing/nachrichten/bundestagswahl-2021-so-viel-investieren-die-einzelnen-parteien-in-den-wahlkampf-191145

[124] Jochen Roose, Ich sehe was, was Du nicht siehst: Wahlwerbung. Repräsentative Umfrage zur Wahlwerbung im Wahlkampf, S. 32 (Berlin: Konrad Adenauer Stiftung, 2021)

[125] Markus Feldenkirchen, Die Schulz Story – Ein Jahr zwischen Höhenflug und Absturz, S. 60–61 (München: Deutsche Verlags Anstalt, 2018)

[126] Zitiert nach Steve Harrison, Can't sell won't sell, S. 144 (Adworldpress, 2021)

[127] Marie-Morgane Le Moel, Mars CEO Sees 'Moral' Duty In Tackling Climate Change, Barron's Online, 14.04.2023, https://www.barrons.com/news/mars-ceo-sees-moral-duty-in-tackling-climate-change-2a8740d2#:~:text=Tackling%20Climate%20Change-,The%20new%20chief%20executive%20of%20Mars%2C%20maker%20of%20M%26M%27s%20sweets,the%20world%20battles%20climate%20change.

[128] David Aaker, A sad day – Google's 'Food for Good' Program did not survive the downsize, LinkedIn, 11.05.2023
[129] New Havas 2023 Global Meaningful Brands® report, S. 4, 2023, https://www.meaningful-brands.com/assets/docs/HAVAS_MB_WhitePaper2023_FINAL.pdf

Quo vadis, Deutschland?

Der Unternehmer Jürgen Großmann (*1952), der Arzt Dominik Pförringer (*1980) und die Studentin Franca Bauernfeind (*1998) — drei Generationen fühlen sich momentan »aus der Zeit gefallen« und empfinden das als durchaus positiv. Sie stellen sich gemeinsam und jeder für sich den beherrschenden Themen genau dieser Zeit. Und sie haben selbst bei intensiver Beleuchtung mannigfaltiger Missstände dabei nie den Glauben an den Standort Deutschland in einem starken Europa verloren. Mit einem Vorwort von Harald Schmidt.

Jürgen Großmann, Dominik Pförringer, Franca Bauernfeind
**AUS DER ZEIT GEFALLEN? —
DREI GENERATIONEN WIDER DEN ZEITGEIST**
Mit einem Vorwort von Harald Schmidt
320 Seiten · ISBN 978-3-7844-3695-1

langenmueller.de

Eine »Schadensbilanz« der Berliner Republik

Der Wohlstand der Deutschen schmilzt schneller als das Eis der Arktis. Ein Nebel aus Inkompetenz, Selbstüberschätzung, Wirklichkeitsverweigerung, bürokratischer Selbstknebelung und ideologischer Verblendung liegt über dem Land. Wer sollte ihn vertreiben, wenn nicht die Deutschen selbst? Messerscharf analysiert Herles das Versagen der politischen Klasse...

Wolfgang Herles
MEHR ANARCHIE, DIE HERRSCHAFTEN – EINE ANSTIFTUNG
192 Seiten · ISBN 978-3-7844-3685-2

langenmueller.de